U0086598

02

創意
大冒險 系列

博碩文化

最佳、最有趣的 Raspberry Pi 入門魔法書

透過 **9** 個大冒險 發揮 Raspberry Pi 無限創意

Raspberry Pi

輕鬆學

遊戲創作✕圖形繪製✕音樂創作✕
程式設計✕Minecraft✕音樂播放器

Adventures in Raspberry Pi

Second Edition

Carrie Anne Philbin 著

方可、博碩文化 譯

江良志、博碩文化 審校

Raspberry Pi 輕鬆學

遊戲創作 × 圖形繪製 × 音樂創作 × 程式設計 × Minecraft × 音樂播放器

本書如有破損或裝訂錯誤，請寄回本公司更換

國家圖書館出版品預行編目資料

Raspberry Pi 輕鬆學：遊戲創作 x 圖形繪製 x 音樂創作 x 程式設計 xMinecraftx 音樂播放器 / Carrie Anne Philbin 著；方可，博碩文化譯. -- 初版. -- 新北市：博碩文化，2016.09
　　面；　公分
譯自：Adventures in Raspberry Pi
ISBN 978-986-434-152-8(平裝)

1. 電腦程式設計

312.2　　　　　　　　　　　　　105017420

Printed in Taiwan

歡迎團體訂購，另有優惠，請洽服務專線
博碩粉絲團　(02) 2696-2869 分機 216、238

作　　者：Carrie Anne Philbin
翻　　譯：方可、博碩文化
審　　校：江良志、博碩文化
責任編輯：曾婉玲

發 行 人：詹亢戎
董 事 長：蔡金崑
顧　　問：鍾英明
總 經 理：古成泉

出　　版：博碩文化股份有限公司
地　　址：221 新北市汐止區新台五路一段 112 號 10 樓 A 棟
　　　　　電話 (02) 2696-2869　傳真 (02) 2696-2867

郵撥帳號：17484299　　戶名：博碩文化股份有限公司
博碩網站：http://www.drmaster.com.tw
讀者服務信箱：DrService@drmaster.com.tw
讀者服務專線：(02) 2696-2869 分機 216、238
（週一至週五 09:30 ～ 12:00；13:30 ～ 17:00）

版　　次：2016 年 9 月初版

建議零售價：新台幣 400 元
I S B N：978-986-434-152-8（平裝）
律師顧問：鳴權法律事務所 陳曉鳴 律師

商標聲明

本書中所引用之商標、產品名稱分屬各公司所有，本書引用純屬介紹之用，並無任何侵害之意。

有限擔保責任聲明

雖然作者與出版社已全力編輯與製作本書，唯不擔保本書及其所附媒體無任何瑕疵；亦不為使用本書而引起之衍生利益損失或意外損毀之損失擔保責任。即使本公司先前已被告知前述損毀之發生。本公司依本書所負之責任，僅限於台端對本書所付之實際價款。

著作權聲明

Copyright © 2015 by John Wiley and Sons, Ltd.

All Rights Reserved. This translation published under license.

Authorized translation from the English language edition, entitled Adventures in Raspberry Pi(Second Edition), ISBN 9781119046028, by Carrie Anne Philbin, Published by John Wiley & Sons. No part of this book may be reproduced in any form without the written permission of the original copyrights holder. Chinese Traditional language edition published by Dr Master Press, Co. Ltd. copyright ©2016

導　論

您是一位勇敢的冒險家嗎？是否喜歡嘗試新事物和學習新技能？是否願意成為科技創作領域的開拓先鋒呢？是否已經擁有 Raspberry Pi 電路板、或者正打算購買呢？如果你對以上問題的回答皆為「Yes」的話，那麼本書就是專門為你出版的著作。

0.1　Raspberry Pi是什麼？用來做什麼？

首先，Raspberry Pi 是一台電腦，非常迷你、小巧玲瓏，事實上，其尺寸大致與一張信用卡相彷彿，但是千萬別被它的尺寸所迷惑，眾所皆知，好東西一般來說都不會太大。然而，Raspberry Pi 沒有機殼（但是你可以自己動手製作，請見冒險 1 的內容），你可以看得見它的電路板和所有晶片，如圖 0-1 所示。Raspberry Pi 非常易用，可以連接電視機或一般的電腦螢幕，經由 USB 鍵盤與滑鼠進行操控，也正因為 Raspberry Pi 的尺寸如此迷你袖珍，我們可以輕易地攜帶到任何地方。

Model B+

Model B

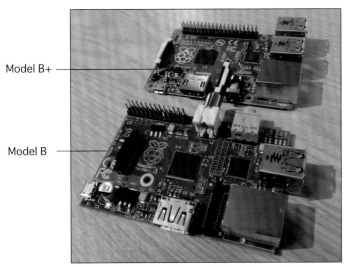

圖 0-1　Raspberry Pi B 及 B+ 版本

Raspberry Pi 提供諸多的管道，讓你能夠自己撰寫程式控制裝置電子裝置、做你希望做的事情。舉例而言，你可自行撰寫程式來製作屬於你自己的機械手臂，或是動手設計並製作角色扮演遊戲，或是創作出漂亮的電腦藝術圖樣或音樂，上述的一切，都可以藉由程式來實現。

別看 Raspberry Pi 小巧，就以為不能用它來做大事情。下面列出運用 Pi 所建構的部分專案，每一件都是不可思議、令人驚奇的作品。

- 運用高空氣球、把泰迪熊玩具發送到空中（www. raspberrypi.org/archives/4715）。
- 非常棒的鳥兒餵食機，以太陽能供電，能夠模仿禽鳥叫聲，並且拍攝照片（www. raspberrypi.org/archives/4832）。
- 製作令人驚異、專屬訂制的萬聖節道具，如同電影《回到未來》中的布朗博士（Doc Brown）（www. raspberrypi.org/archives/4856）。
- 以機器控制的航海帆船（www. raspberrypi.org/archives/4109）。
- 使用 Pi 控制的藝術雕塑，就好像為 15 英尺（1 英尺 =0.3048 米）高的 Mens Amplio，加上具備燈光閃爍的大腦（www. raspberrypi.org/archives/4667）。

在本書最後一章，將會使用 Pi 來打造音樂播放器，播放你喜歡的曲子，並且在 LCD 上顯示該首曲子的專輯資訊。帶著從本書學到的技能，你將可以自行設想出各種有趣專案，並且付諸實踐。

0.2 本書是寫給誰閱讀的？

本書專門為年輕學子所撰寫，若你想要運用電子計算裝置製作東西、實現各種想法，都適合閱讀本書；但你可能不知道從何處著手，或者想要繼續磨練已經具備的技能，不論原因為何，本書將引領你越過一趟又一趟的冒險旅程，背包裡帶著最重要的裝備：Raspberry Pi。旅程一開始會先設定 Raspberry Pi，學習基本的程式設計，然後探索如何建構屬於你自己的專案；抵達旅途終點時，你將會具備所需要的技術能力，成為一名科技先鋒！

0.3 你將學習到什麼？

這本書將幫助你探索使用 Raspberry Pi 可完成的不可思議事情，還會介紹許多開發工具和一些適合你的小專案。在這本書裡，你將學會如何初始化 Raspberry Pi，並能夠自己體驗全部的過程，你將會學到建構電子專案時所需要的技能。

發送指令操控 Raspberry Pi 的方式，有很多種，之後都會逐一介紹，各自運用不同的程式語言和工具。這本書將帶領讀者使用 Scratch、Turtle Graphics、Python、Sonic Pi 和 Minecraft Pi 來撰寫程式。

你也將學到常用的程式計算與電子電路概念，讓你應用於不同的裝置和程式開發環境。許多基礎概念，對所有程式語言來說都很相似，所以你一旦學會並理解某程式語言的基本概念，就可以很輕鬆地應用到其他語言。

0.4　你需要為本書的專案所準備的東西

首先也是最重要的事項，需要一塊 Raspberry Pi 板子，若尚未入手，可從你所在區域的 Raspberry Pi 經銷商購買；也需要一台顯示器或其他類型的螢幕、鍵盤、滑鼠，連接到 Raspberry Pi。

本書每一章節（冒險），都會提示該章需要使用的特殊物品。除了你的 Pi，有一些專案還需要網路連線，方能下載軟體和其他需要的東西。冒險 7 需要耳機和麥克風，才能聆聽在該章節中所創作的音樂。在冒險 8 與冒險 9 中，還需要某種特製電纜、導線、LED 燈、電阻和其他電子硬體。你可以到鄰近的電子材料行或線上零售商，購買這些材料與零件。

閱讀本書時，最後也是最重要的要素，就是請你保持好奇心，並且願意嘗試這些新技能！

0.5　本書的組織架構

本書章節由各自獨立的冒險所構成，透過創作小專案的方式，傳授新的知識和概念。這本書的內容編排方式，就如同你逐漸進步的形式，抽象概念和實際演練相互緊密配合，後續小專案將以前面章節所學習的知識為基礎，每一章的開頭，基本上會先介紹適用於該章節的程式語言或者工具，介紹如何下載、安裝、設定，通常也會以一項小任務作為敲門磚，讓你更迅速地熟悉所需工具。當你瞭解基礎部分之後，我會帶著你一步一步學習該章的主要專案。

在冒險 1 和冒險 2 中，你將會學習瞭解如何開始使用你的 Pi 以及周邊裝置，這也許是你第一次使用命令列介面來操作電腦。對於想成為 Pi 探索者的人來說，這兩章的內容必須仔細研讀，後續所有冒險，都是根基於這兩章的內容。

為 Raspberry Pi 撰寫程式時，可透過兩種非常基本的方式：使用 Scratch 或 Python 語言。這兩套工具都已預先安裝在 Raspberry Pi 的作業系統 Raspbian。冒險 3、4 和 5 將帶領你入門學習這兩個程式語言。冒險 3 會使用簡單的圖形化介面程式語言 Scratch，創作並設計屬於你自己的電腦遊戲，在這段過程中，你將會學習程式語言的變數和迴圈概念。冒險 4 是介於 Scratch 和更為正規的程式語言 Python 之間的過度橋梁，在此章中，你將會使用 Turtle Graphics 工具和兩種程式語言來繪製各種形狀和螺旋線。在冒險 5 中，你將會學到如何打造冒險遊戲，這個程式將需要你動手配合輸入指令、使用串列、載入函式、以及在螢幕上輸出文字，通通都會使用 Python 語言，並且使用命令列介面撰寫。

冒險 6 和 7 繼續深入學習如何在 Raspberry Pi 之上開發程式，將會使用兩項開發工具：Minecraft Pi 和 Sonic Pi，皆可從網路下載。Minecraft Pi 修改自熱門的電腦遊戲 Minecraft，可使用 Python 語言來建構屬於你自己的傳送門。使用 Sonic Pi 的話，便能透過撰寫程式的方式來製作電子音樂。

使用 Raspberry Pi 時，有另一點令人激賞的特色，就是你可以運用它的 GPIO 腳位來連接其他電子元件。冒險 8 將會詳細介紹 GPIO 腳位，使用棉花糖來控制 LED 燈的閃爍行為（是的，你沒有看錯，就是棉花糖），同時介紹電子學和程式設計的概念與知識。

冒險 9：以前面章節所學到的電腦概念和程式設計知識為基礎，進行一場大冒險，建構大專案—音樂播放器。在這一章裡，將會學到如何從訂定計畫開始，然後設計與建構專案，直到最終完成專案的全部過程。

最後，附錄 A 將會列出繼續延伸學習電腦科學和 Raspberry Pi 的資源，包括如何定位或建立你自己的實驗室，和其他人分享關於專案的點子和想法。附錄 B 則列出辭彙表。

0.6　本書的資源網站

可到本書的資源網站（www.wiley.com/go/adventuresinrp2E），找到貫穿本書的參考資料，網站上的資料有書籍介紹的所有程式碼，也有視訊教學課程，可幫助你解決問題、釐清困惑。

0.7　方框說明

下面這些特殊的方框，貫穿全書，它們會在適當的時候給予幫助，提示讀者。具體含義說明如下：

這個方框會解釋複雜的電腦概念或術語。

 這個方框提供提示及小技巧，讓你的學習過程更加輕鬆。

 這個方框包含重要的警告資訊。為了你和 Raspberry Pi 的安全，請務必注意這項警告。

 這個方框會快速測試你的理解是否正確或讓你更佳理解一個主題。

 這個方框提供關於目前主題的詳細解釋和額外資訊。

 這個方框指引你到資源網站上觀看視訊，引導你完成手上的任務。

在本書中，你還會看到兩種方框：「挑戰」方框會引導你進一步思考，為專案做點修改或是加入新功能特性；「深入程式碼」方框會介紹特殊的規定或是程式語言，讓你更佳理解電腦程式語言。

當下面的步驟或說明含有程式碼的時候，尤其是那些介紹 Python 的章節，你應該要按照指示提供的程式碼動手輸入。有時候你會需要輸入非常冗長的程式碼，其長度超過本書排版單行的最大限制，此時若在末尾看到符號↵，這意味著程式碼過長而折到了下一行了，你輸入程式碼時，應將這些程式碼輸入在同一行裡，切記不要分開。以下面的程式碼為例，應輸入在同一行裡。

```
print("Welcome to Adventures in Raspberry Pi by ↵
Carrie Anne Philbin")
```

大多數章節的最後都會提供快速參考表，表內總結了該章中出現的指令和概念。若你需要復習這些指令時，便可以查詢、參考快速參考表。

當你完成一個冒險時，你可解鎖一個成就並得到徽章。你可以在本書的資源網站收集徽章來代表這些成就（www.wiley.com/go/adventuresinrp2E）。

0.8　延伸學習

附錄 A 列出了許多其他學習資源，讓你能進一步深入學習 Raspberry Pi，包含了網站、組織、影片和其他資源，其中大部分（包括論壇在內）都可以去發問，並且能夠認識其他 Raspberry Pi 愛好者。

你也可以經由下列網站，發送訊息聯繫我，網址：www.geekgurldiaries.co.uk。

是時候開始你的 Raspberry Pi 冒險之旅！

目　錄

Adventure 3

運用Scratch設計故事創作遊戲 035

撰寫Turtle Graphics程式繪製圖形 065

Python程式設計 087

Raspberry Pi的 GPIO腳位 153

大冒險：打造Raspberry Pi音樂播放器 179

接下來的方向 205

Appendix B

辭彙表 210

Adventure 1

拿到Raspberry Pi了，接下來呢？

在本書中，你將會學習如何使用 Raspberry Pi 來做一些了不起的事情，可以創造音樂、音樂播放器藝術、程式、遊戲、甚至是音樂播放器！但是，首先需要讓你的系統動起來。

如果你是 Raspberry Pi 新手，初始化和第一次啟動的設定步驟，可能會令人望之卻步，但是在你自己親身嘗試學習設定的過程，將會從中學習，瞭解更多關於 Raspberry Pi 或其他的電腦工作原理，看到一些從未遇過的技術術語和程序。在本章的冒險旅程中，我將會教導你如何初始化 Raspberry Pi，讓它能夠在你第一次使用之時處於就緒待命狀態。我會解釋你需要的硬體（hardware）和軟體（software），並且說明如何將它們組合在一起，成為完整的系統。而你也將學習如何為系統建立備份檔案，以便在未來需要重頭來過時，直接覆蓋備份檔案即可。

硬體（hardware）是那些你可以看得見、摸得到的物體，由這些實體元件組成電腦系統，涵蓋電腦機箱中的所有東西，人們常稱呼為「零組件」。

軟體（software）意指在電腦系統中執行的程式，這些程式命令硬體按照要求執行任務，例如：進行數學運算或設定檔案。一般來說，軟體可分為兩種類型：系統軟體，主要工作是管理你的電腦；應用軟體，負責完成某特定任務。

1.1 你需要哪些硬體？

當然！首先要有一塊 Raspberry Pi 板子。如果你曾經用過電子遊戲機或其他電腦裝置，將會注意到 Raspberry Pi 的不同之處，它沒有電源插座、充電器和其他連接線，也沒有儲存裝置來存放你的程式，甚至沒有機殼！

所以為了能夠順利進行，請準備下列硬體（見圖 1-1）。

- Raspberry Pi。
- Micro USB 充電器。
- USB 鍵盤和滑鼠。
- 能夠讀取 SD 卡的桌上型電腦或筆記型電腦，存放將由 Raspberry Pi 執行的軟體系統。
- 8GB SD 記憶卡（B 版），或 8GB micro SD 記憶卡（B+ 版）。
- HDMI 線，使用這條線材來連接 Raspberry Pi 到電腦螢幕或 HDMI 電視機。
- 螢幕或電視機（具備 HDMI 介面）。

我在本章以及本書後續內容裡提及 SD 卡時，也同時是指 Raspberry Pi B+ 所用的 micro SD 卡。

HDMI 是 High-Definition Multimedia Interface（高畫質多媒體介面）的縮寫。HDMI 負責從來源裝置傳輸視訊與音訊資料，例如從你的 Raspberry Pi，連接到相容的輸出裝置，可能是數位電視機或顯示器。

USB 是 Universal Serial Bus（通用序列匯流排）的縮寫。有些讀者或許已經曾使用 USB 介面連接網路攝影機和隨身碟等裝置。

SD Card 是 Secure Digital memory card（SD 記憶卡）的意思，用來儲存資料或資訊。SD 卡常用於數位相機，把照片儲存在 SD 卡內，再由含有 SD 讀卡機的電腦讀出。B+ 版則是使用 micro SD 卡，其外型相較於標準 SD 卡而言是更小的。

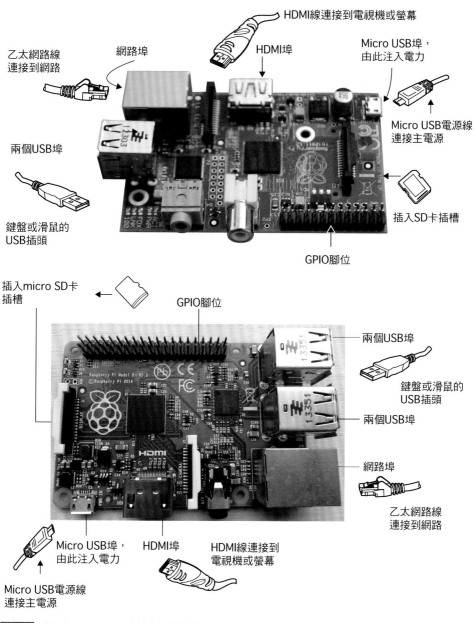

乙太網路線
連接到網路

網路埠

HDMI線連接到電視機或螢幕

HDMI埠

Micro USB埠，
由此注入電力

Micro USB電源線
連接主電源

兩個USB埠

鍵盤或滑鼠的
USB插頭

插入SD卡插槽

GPIO腳位

插入micro SD卡
插槽

GPIO腳位

兩個USB埠

鍵盤或滑鼠的
USB插頭

兩個USB埠

網路埠

乙太網路線
連接到網路

Micro USB埠，
由此注入電力

HDMI埠

HDMI線連接到
電視機或螢幕

Micro USB電源線
連接主電源

圖 1-1 使用 Raspberry Pi 之前必備的周邊裝置

1.2 其他有用的周邊裝置？

下面列出一些其他周邊裝置，並非必要，但是你可以從中選擇其中一或多個，提升 Raspberry Pi 的使用體驗。

- **機殼**：能夠保護你的 Raspberry Pi，防止遭受外部破壞，同時更加便於攜帶。可以考慮購買像 PiBow 這樣的外殼，如圖 1-2 所示，由 Pimoroni 公司（http://shop.pimoroni.com/collections/customise-your-raspberry-pi）設計製造；這個機殼最大的特點就是外觀非常漂亮，並在每個連接埠的位置加上標註，提示連接埠所對應的功能。

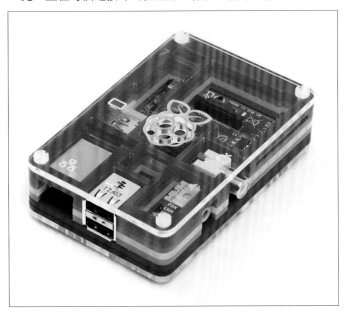

圖 1-2　PiBow 外殼可以保護你的 Pi

如果你不想花錢購買外殼，為什麼不參照 Raspberry Pi Punnet（官方提供的樣板模型）自己製作呢？你可以用卡紙列印出來，然後按照手工程序，將它折疊成小盒子作為 Pi 機殼。採用這種作法的話，你就可以盡情地施展創造力，最後拿起你的畫筆和貼紙來完成這個作品。請到這裡下載範本檔案：http://squareitround.co.uk/Resources/Punnet_net_Mk1.pdf。

想要更加堅固的機殼嗎？你可以使用樂高（LEGO）自行製作喔！請到樂高官方網站（http://www.thedailybrick.co.uk/instructions/）找到需要的零件，如圖 1-3 所示。

圖 1-3 為你的 Raspberry Pi 製作樂高機殼

- **備用的 SD 卡**：若能準備額外的 SD 卡，那就再好不過，以免因為正在使用中的 SD 卡出現不明原因而故障或停止運作。這些 SD 卡，同樣有利於幫助你恢復資料和專案檔案，我將在本章最後篇幅詳細描述備份步驟。

- **支援 SD 卡的讀卡機**：你需要 SD 讀卡機來把作業系統軟體放進 SD 卡，首先要從網路下載適用於 Raspberry Pi 的作業系統檔案，然後連接 SD 讀卡機與電腦，把作業系統檔複製到 SD 卡裡，接著把 SD 卡插回 Pi，就可以啟動你的 Raspberry Pi 囉。許多桌上型電腦和筆記型電腦都已內建 SD 讀卡機，如果你的電腦沒有這個裝置，就需要另行購買外接的 SD 讀卡機。

- **Raspberry Pi 相機模組**：Raspberry Pi 相機模組是 Raspberry Pi 官方推出的周邊裝置，它以軟排線連接到 Raspberry Pi，可用來拍照攝影。

- **Wi-Pi**：Wi-Pi 是款小型無線網卡，插入 Raspberry Pi 的 USB 埠後，便可以讓你的 Pi 加入無線網路；你還能用它與其他電腦分享網路連線或檔案。

- **PiHub**：由於 Raspberry Pi 本身只有兩個 USB 埠，所以要讓鍵盤、滑鼠、網卡同時運作是不可能的。PiHub 正是專門為 Raspberry Pi 設計的 USB 集線器，允許你同時使用更多的 USB 裝置。

1.3 設定Raspberry Pi

要讓 Raspberry Pi 動起來並執行任務，僅需要三個步驟。首先，需要下載作業系統，並且複製到 SD 卡，然後準備好硬體裝置，包括滑鼠、鍵盤和其他裝置，最後為 Pi 安裝軟體，並且設定幾個組態選項。接下來,將詳細講述操作程序,別擔心!實際的步驟做起來,要比光看書本內容來得容易多了!

這裡有個可供參考的設定 Raspberry Pi 影片,請到資源網站 www.wiley.com/go/adventuresinrp2E,點選 Videos 標籤,選擇 SettingUpRaspberryPi 檔。

1.3.1 下載軟體系統並複製到SD卡

所有的電腦裝置都需要作業系統才能運作。你大概已曾使用過桌上型電腦或筆記型電腦,個人電腦裡可能安裝的是 Microsoft Windows,或是使用 Mac OS X 的 Mac 桌上型電腦或 Mac 筆記型電腦。Raspberry Pi 支援多種作業系統,但 Raspbian 最為普遍常見,它是免費的 Linux 作業系統的精簡版本,本書所有的章節內容都假定你的 Raspberry Pi 會安裝 Raspbian,這一節的內容將詳細說明下載與安裝的步驟。

更多關於作業系統的知識

作業系統也是軟體,供使用者操作,進行建立、儲存、管理檔案和應用軟體等工作,並且包含電腦資訊。目前最流行的作業系統,包括微軟(Microsoft)公司的 Windows、蘋果(Apple)公司的 Mac OS X 以及 Linux。

Linux 是一套免費、開放原始碼的作業系統,意思是說,程式的原始碼對所有人而言,都是免費且開放的,你可以查看原始程式並且加以改進。Linux 系統有許多版本可供採用;Raspbian,也就是你安裝在 Raspberry Pi 上的作業系統,是精簡過的 Linux 版本;另外,您也許聽說過其他的 Linux 系統,例如:Ubuntu、Debian、Fedora 等。

Raspbian 這套 Linux 系統,由世界各地數以千計的志願者組成社群,共同努力開發而成,你可以在該社群裡學習到更多關於 Raspbian 和 Linux 的知識。請登入 www.raspbian.org 瀏覽關於 Raspbian 的更多資訊。

準備 SD 卡儲存你的軟體

桌上型電腦和筆記型電腦通常會使用固定的儲存裝置,例如:硬碟(hard drive),來儲存資料和應用軟體,然而 Raspberry Pi 沒有硬碟,所以作業系統、應用程式和資料通通都會儲存在可移除的 SD 記憶卡中。這種類型的儲存媒介叫做快閃記憶體（**flash memory**），和數位相機所使用的記憶卡相同。

為了讓 Raspberry Pi 開始運轉，在你插上所有的連接線之前，需要先把軟體部分放進 SD 卡。這意味著你需要格式化 SD 卡，並且把相關的檔案複製到 SD 卡中。如果不這樣做，那麼 Raspberry Pi 不會認為這張 SD 卡是它的儲存裝置（就像電腦的硬碟），也就無法順利開機（**boot**）。別擔心！如果你覺得上面的描述很陌生，在讀完這一節後將會徹底明瞭。

當你開啟電源後，電腦第一件要做的事情是啟動作業系統，有時也稱為**開機**（**boot**）。

也可購買已經預先安裝 Raspbian 的 SD 卡，使用這種類型的 SD 卡時，便可以跳過安裝和複製軟體到 SD 卡的步驟，直接開始啟動 Raspberry Pi。但是我仍建議你跟著本章的內容一步步進行，而不是直接買一張已經預先安裝 Raspbian 的 SD 卡。學習如何自己格式化 SD 卡，能夠讓你明白其中的運作原理，萬一將來發生意外，就可以重新安裝作業系統到 SD 卡，非常方便，助益甚大。

放進任何程式之前，SD 卡必須先格式化，請依照下面的步驟：

1. 若想確認 SD 卡是否已正確格式化，並且能夠供我們使用，最好的方法是到國際 SD 聯盟網站（**www.sdcard.org/downloads/formatter_4**）下載 SD Formatter 4.0，安裝到你的桌上型電腦或筆記型電腦。（Windows 內建的格式化工具，只能夠格式化 SD 卡的一部分，而非整張記憶卡，所以應使用 SD Formatter 4.0 工具來格式化，這點非常重要。）

2. 下載 SD Formatter 4.0 時，應選擇正確的版本，例如：SD Formatter 4.0 for Windows 或者 SD Formatter 4.0 for Mac，閱讀條款並同意後，就會開始下載，接著解壓縮所有檔案，然後執行安裝程式，照著畫面提示的步驟進行安裝程序。

3. SD Formatter 4.0 安裝程序完成之後，請執行該工具，確認所選的磁碟機是否正確，例如說，SD 卡可能會被賦予編號 D: 或 F:（見圖 1-4）。使用 Windows 的「我的電腦」或 Mac OS X 的 Finder 來找出哪個裝置對應到你的 SD 卡。

務必確認你選擇的磁碟機編號是否正確，因為這個工具程式將會完全消除 SD 卡原本的資料。

4. 點選 option 按鈕，在下拉選單中，選擇「FULL」選項。準備就緒時，請再次檢查是否選擇正確的磁碟機編號，然後點選「Format」。

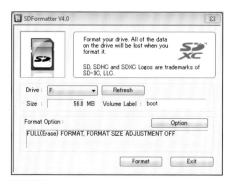

圖 1-4 以 SD Formatter 工具程式格式化 SD 記憶卡

更簡單的作法：NOOBS

SD 卡格式化完成後，就可以準備把 Raspbian 複製到 SD 卡。Raspberry Pi 基金會開發出 NOOBS（New Out Of Box Software），讓我們能夠非常輕鬆地將系統檔案複製到 SD 卡，就像你平時處理照片和檔案一樣。它會列出選項，讓使用者選擇想要安裝的作業系統，並且在不小心刪除某些檔案時，還可以進行還原。

如果你使用的是 micro SD 卡，那麼你可能會需要再搭配轉接器，才能將記憶卡插入至 SD 讀卡機。Raspberry Pi 官方的 NOOBS 記憶卡已經包含了一個轉接器，你可以多加利用。

本書所有範例專案，都是為了在 Raspbian 作業系統上執行而設計，包括 NOOBS。作者建議當你要開始閱讀後續章節時，先確認所使用的 NOOBS 是否為最新版本，否則有一些程式將無法執行。

第一步，下載 NOOBS 到你的電腦，該電腦應具備 SD 卡的讀寫能力。完成下載後，儲存到 SD 卡。下面詳細列出所需步驟：

1. 開啟 Raspberry Pi 的官方網站 www.raspberrypi.org，並且點選頂部的 Dowloads 標籤。NOOBS 最新版本一般來說位於頁面的最頂端，點選下載網址，選擇最新版本的 NOOBS.zip 檔案。

下載的檔案是個壓縮檔，請把這個檔案存放到你的電腦中，然後把裡頭所包含的所有檔案通通解壓縮（在 Windows 電腦中）。選擇解壓縮路徑，以便在解壓縮完成後可以找到，如圖 1-5 所示。

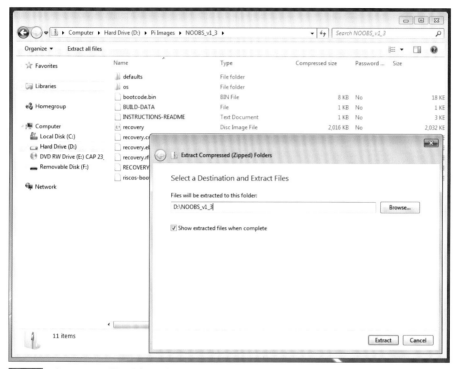

圖 1-5 在 Windows 電腦中解壓縮 NOOBS

2. 把已經完成格式化的 SD 卡插入讀卡機插槽，複製解壓縮後的 NOOBS 檔案，放進 SD 卡。你同樣可以使用拖拉的操作方式，把 NOOBS 檔從某視窗拖拉到另一個視窗，或是在全選後點選滑鼠右鍵，選擇「複製／貼上」這些檔案到 SD 卡。

因為 NOOBS 經常更新，所以你應該下載最新版本的 NOOBS，最新版本的 NOOBS 通常排列在下載清單的最頂端。

1.3.2 插入周邊硬體

現在，該是時候讓 Raspberry Pi 動起來了。請找到足夠大、足以放置所有需要的裝置的堅固平面，例如：書桌或茶几，並且確保距離電源插頭夠近，最好還要有能夠存取網路的裝置，如路由器，因為某些章節內容需要讓 Raspberry Pi 上網，但是在本章中，網路連線並非必需品。

 進行下面的第 5 步驟之前，須先確定你已經完成前 4 步驟，再插入電源線。

讓 Raspberry Pi 動起來的步驟如下：

1. 拿出已經複製好 NOOBS 檔案的 SD 卡，插入至 Raspberry Pi 的 SD 卡插槽。

2. 連接 USB 鍵盤和滑鼠。

3. 連接 HDMI 線到你的電視機或電腦顯示器。有些電視機或顯示器支援同時輸入很多不同的訊號來源，所以需要確認其工作設定是否為 HDMI 介面。有些電視機或顯示器，會在啟動 Raspberry Pi 時自動偵測 HDMI 介面。

4. 如果你會在 Raspberry Pi 上頭使用網路功能，請連接網路線到網路裝置。

5. 最後插入 Micro USB 電源線，務必確保這是最後一步，因為 Raspberry Pi 沒有電源開關，在你插上電源線材的瞬間，它就會開機啟動。

哇，現在你的 Pi 已經動起來囉！

1.3.3 安裝與設定軟體

把裝有 NOOBS 的 SD 卡插入 Raspberry Pi，第一次接上電源之時，需要設定幾項軟體組態。

新系統載入時，將會重新調整 SD 卡的分割區。分割區通常把儲存裝置和其他部分區別開來。一旦 NOOBS 完成調整分割區的工作，SD 卡將會含有三個分割區，分別是：❶啟動分割區：儲存 Raspberry Pi 啟動時需要的所有檔案；❷恢復分割區；❸儲存分割區：存放你建立的檔案或新安裝的應用程式。

NOOBS 提供多種不同的作業系統選項，包括 Raspbmc、Pidora 和 Raspbian。為了能搭配本書所提到的專案和程式，請安裝 Raspbian，如圖 1-6 所示。

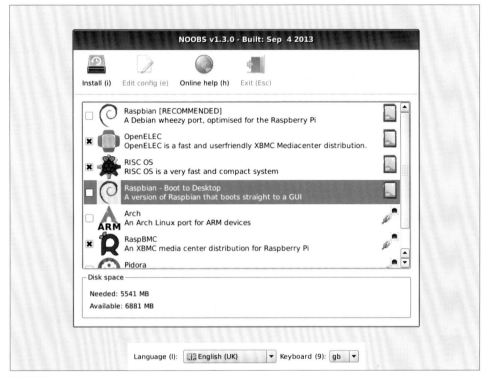

圖 1-6   使用 NOOBS 選擇你想要安裝的作業系統

　未來新版的 NOOBS，將可以一次安裝多個清單中顯示的作業系統。你也許想嘗試其他作業系統，例如：RISC OS，NOOBS 將會在不久之後更新。你也可以把 NOOBS 放入不同張的 SD 記憶卡，安裝不同的作業系統。

請依照下面的步驟，安裝 Raspbian：

1. 選擇想要安裝的作業系統：Raspbian，然後點選「Install OS」。此時也可以改變語言設定。

2. 彈出警告對話框，詢問你是否確認安裝作業系統，將會覆蓋掉 SD 卡原本的全部資料，選擇「Yes」。

3. 作業系統安裝完成後，會先進行一次完整啟動，然後出現如圖 1-7 的選單，詢問是否要修改一些設定資訊。這個選單叫做 **raspi-config**，可修改以下這些設定：

- **Internationalisation Options**（國際化選項）：這個選項允許你為 Raspberry Pi 設定語言、時區。例如：你住在英國，希望使用的語言是英語，並且選擇格林威治時間。
- **Enable Camera**（啟動相機模組）：如果你有 Pi Cam（Raspberry Pi 相機模組），就需要啟用此選項才能夠正常使用。
- **Add to Rastrack**（加入 Rastrack）：Rastrack（http://rastrack.co.uk/）是能夠定位你的 Pi 的網站，把你的 Pi 定位在地圖上，讓其他使用者知道你的位置。
- **About raspi-config**（關於 raspi-config）：使用這個選項，可查看關於 raspi-config 的更多資訊。

並不一定要在此時完成所有設定，之後還可以輸入指令，隨時打開這個設定選單。作法是在登入系統後，輸入指令：sudo raspi-config。

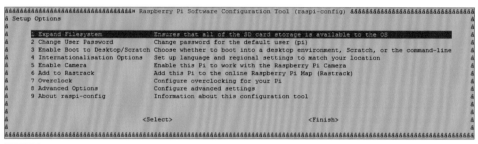

圖 1-7 raspi-config 設定選單

使用 NOOBS 來復原

系統安裝完成並初次啟動後，若出現任何問題，例如：系統中的檔案毀損，或是你想嘗試其他作業系統，很簡單，只要在 Raspberry Pi 開機啟動時、按住 Shift 鍵，就會看到復原（Recovery）畫面。

1.4　登入Raspberry Pi

Raspberry Pi 啟動時，螢幕上會出現一連串快速捲動的文字訊息，這些訊息告訴我們作業系統正處於載入中的狀態，看起來有點兒瘋狂，但請別擔心，你毋須閱讀這些訊息；然而如果發生任何錯誤，那麼開機資訊將會非常有用，可以查出在哪一步出問題。

Raspberry Pi 啟動完畢後，就會看到下面的登入提示訊息，詢問你的帳號名稱和密碼。

```
raspberrypi login：
password：
```

Raspbian 預設帳號名稱是 pi，預設密碼是 raspberry，所以請在第一行後面輸入 **pi** 作為登入帳號名稱，按下 Enter 鍵，在第二行輸入密碼 **raspberry**，然後按 Enter 鍵。

如同許多電腦裝置，你不可能看見所輸入的密碼，但是別擔心，如果輸入錯誤，將會讓你重新輸入。

登入後，螢幕應顯示下列訊息：

```
pi@raspberry ~ $
```

現在，Raspberry Pi 已準備就緒，等待使用者輸入指令，請輸入 **startx**，如圖 1-8 所示。

```
raspberrypi login: pi
password:

pi@raspberrypi   startx
```

圖 1-8 　登入進入 Raspberry Pi 並啟動圖形視窗介面

圖 1-9 所顯示的視窗叫做 X Window。恭喜你！你已經親眼看到 Raspbian 的圖形使用者介面（**Graphical User Interface**），花點時間研究一下這個操作介面吧。

你或許已經熟悉桌上型電腦或筆記型電腦的視窗介面、滑鼠指標和桌面，這就是典型的圖形使用者介面，簡稱 GUI（Graphical User Interface）。

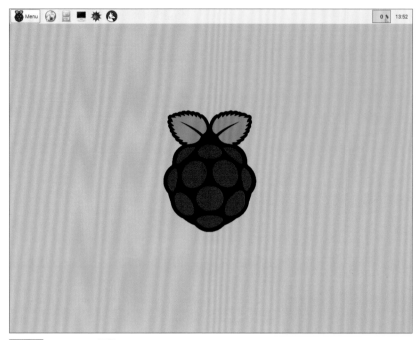

圖 1-9 Raspbian 桌面

1.5　探索Raspbian的桌面

如前所見，輸入 startx 指令後，Raspberry Pi 載入 Raspbian 的 X Window 介面，或稱為圖形使用者介面。

可以看到預設的 Raspbian 桌面（圖 1-9），含有 Raspberry Pi 標誌，頂部有個工作列，在最右側有時間顯示，而最左側則有一個主選單的按鈕圖示。部分常用的應用軟體可以從主選單啟動，例如：Scratch（冒險 3 將會詳細介紹）、Python（冒險 5 將會詳細介紹），以及網頁瀏覽器，如果你的 Raspberry Pi 能夠上網，便可以透過瀏覽器瀏覽網頁。此外，還有一些使用 PyGame 開發的小遊戲，你也可以嘗試一下。請花點時間檢查哪些應用軟體位於主選單中的子選單，圖 1-10 顯示位於 Accessories 子選單中、可供使用的應用軟體。

讓我們再稍微深入學習關於 Raspberry Pi 如何運作的知識，請嘗試下面的步驟：

1. 點選左下角的主選單圖示。

2. 在主選單中選擇「Accessories」，點選「File Manager」開啟檔案管理員。如果你是以帳號 pi 登入，那麼檔案管理員將會顯示你的家目錄（**/home/pi**），在你開始 Raspberry Pi 程式設計之旅前，這個目錄幾乎空無一物，將來會慢慢填滿各種檔案。你還會看到名為

Desktop 的資料夾圖示，這時先在桌面上點選滑鼠右鍵，接著點選「Create NewBlank File」，並將檔案命名為「hello」，然後按下「OK」，桌面上將會出現一個新圖示。此外若是在 Desktop 資料夾上按兩下，你也會看到同一個 hello 檔案出現其中。

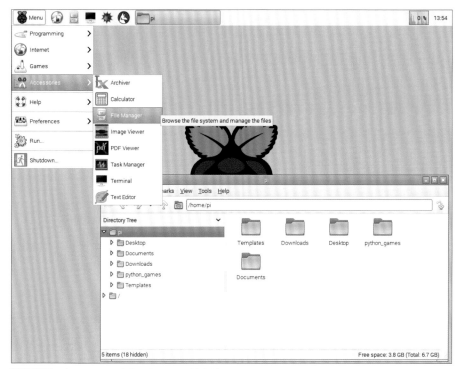

圖 1-10　在 Raspbian 中使用主選單和檔案管理員

1.6　關閉Raspberry Pi

　　想要關閉 Raspberry Pi 時，切記不要直接拔掉電源線，一定要指示系統執行安全的關機程序。最新版本的 NOOBS 已提供了關機按鈕，如果你使用 GUI 介面，可以點選主選單中的關機圖示，接著便會出現包含關機、重新啟動以及登出等選項的功能選單。

　　然而如果你沒有使用 GUI，也就找不到關機圖示，這時需要使用命令列介面來關閉 Raspberry Pi 系統。在冒險 2 的「關機和重新啟動指令」，將會介紹如何下指令來操作。

1.7 備份SD卡映像檔

　　到現在為止，你只使用 Raspberry Pi 一次而已，但卻已經修改過作業系統的組態設定。閱讀本書的全部專案時，有些讀者可能會希望建立備份檔案，確保 SD 卡出狀況時不會遺失檔案。作法非常簡單，只要使用免費的 Windows 應用軟體 Win32 Disk Imager 就可以了，下載網址：http://sourceforge.net/projects/win32diskimager/。開始備份前，請先閱讀下面的步驟：

1. 首先，如果你尚未關閉 Raspberry Pi，請根據下列的指令進行操作：

    $ sudo shutdown -h now

2. 從 Raspberry Pi 的 SD 卡插槽，取出 SD 記憶卡，插入電腦讀卡機。

3. 執行 Win32 Disk Imager。

4. 在 Image File 欄位中（見圖 1-11），為你的備份檔案取檔名，例如：Adventures_In_Pi。

5. 點選資料夾圖示，選擇要把備份檔案放在哪個路徑。

6. 點選「Read」，複製 SD 卡，把映像檔放到你的電腦中。

7. 等待進度條，完成後關閉 Win32 Disk Imager 軟體，拔出 SD 卡。

　　之後，當你對 Raspberry Pi 越來越熟悉後，也許會擁有許多不同的 SD 卡，各自儲存不同的系統映像檔，便可以放在你的電腦裡，分別開來，採用這種作法回復系統再好不過了。另一種很好的作法是以不同的記憶卡來儲存不同的映像檔。

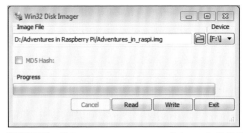

圖 1-11 使用 Win32 Disk Imager 建立 SD 卡的備份映像檔

Raspberry Pi 啟動指令快速參考表	
指令	描述
startx	載入 Raspbian 的圖形使用者介面
sudo	賦予超級使用者的權限
sudo shutdown -h now	命令 Raspberry Pi 關機
sudo shutdown -r now	命令 Raspberry Pi 關機，然後重新啟動

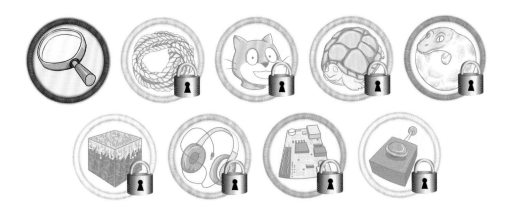

解鎖成就：你的 Raspberry Pi 已經動起來囉！

關於下一個冒險…

在冒險 2 中，將會學習命令列介面的操作方式，經由命令列介面發送指令操控 Raspberry Pi，並且學習如何操作檔案、執行程式和下載應用軟體。

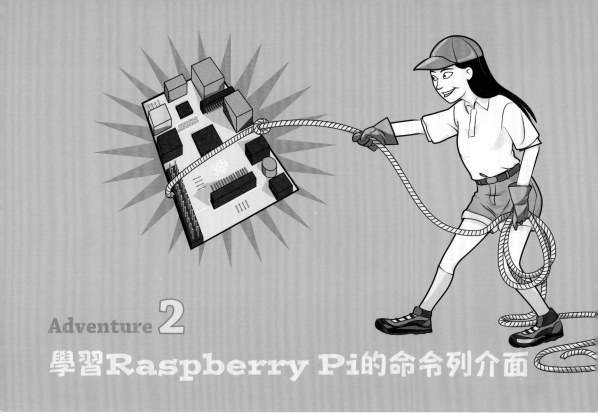

Adventure 2
學習Raspberry Pi的命令列介面

　　現在，你的 Raspberry Pi 已經完成初始化並開始運作，接下來該如何告訴它你想要做的事情呢？其實，與電腦溝通的方式很多，具體而言，取決於你所使用的作業系統。近代的作業系統，例如微軟公司的 Windows 和蘋果公司的 Mac OS X，都提供圖形使用者介面，也就是所謂的 GUI；畫面上都有圖示，你可以使用滑鼠直接點選，操作方式非常簡單。Raspbian 是一套專門用於 Raspberry Pi 的作業系統，也擁有 GUI（見圖 2-1），如同你在冒險 1 所學到的知識，完成登入後，便可以輸入指令 **startx** 進入圖形使用者介面。

　　如果你使用 Raspbian 的圖形使用者介面，只需使用滑鼠點一點，便可輕鬆地執行應用程式，然而圖形使用者介面只是兩種可用的操作介面之一，另外同樣可以透過文字指令來操控 Rasoberry Pi，這就是人們所熟知的指令操作方式，不需要圖形使用者介面也可以操作，此種形式的溝通方式稱為命令列介面（**command-line interface**），允許你輸入指令的視窗叫做終端機（**terminal**）。與圖形使用者介面相比，雖然命令列介面看起來不太友善、不容易理解，但是只要你熟練掌握命令列介面後，它的運作其實更加快速。我們可以使用命令列介面完成更多的工作任務，例如：撰寫包含很多指令的小腳本程式檔，來重複執行日常事務，在後面的章節中，將會介紹如何撰寫你自己的腳本程式操控 Raspberry Pi。

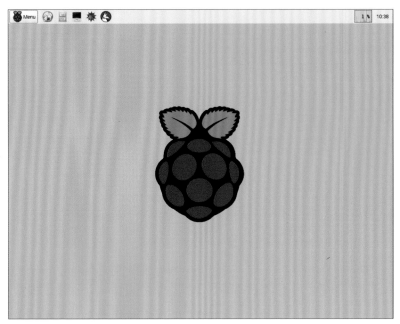

圖 2-1 Raspberry Pi 的圖形使用者介面（GUI）

命令列介面（**command-line interface, CLI**）允許你輸入文字指令，來與電腦進行溝通。

終端機（**terminal**）則是讓你能存取命令列介面的視窗，圖形化的 LXTerminal 便是終端機的實際例子。

　　輸入帳號和密碼登入 Raspberry Pi 後，會在螢幕上看到提示字元 $，其意思是說，電腦正在等待你輸入指令。在冒險 1 中，我們在提示字元 $ 後面輸入指令 **startx**，啟動圖形使用者介面，這並不表示你一定要輸入 startx，要點在於輸入電腦能夠理解的指令。

若同時按下Ctrl＋Alt和F1～F6其中一個功能鍵，便可選擇 6 個不同的終端機，你可以登入其中任何一個，並且在提示字元後面輸入指令。若在輸入指令 startx 之後、按下Ctrl＋Alt＋F1，則會看到原先的終端機視窗（終端機 1）；再次按下Ctrl＋Alt＋F7的話，可回到剛才啟動的圖形操作介面。

　　舉個例子，假設你已經寫完哈姆雷特的書評，但想要命令 Raspberry Pi 刪除它，有人也許會嘗試輸入下列的指令：

```
Delete the file hamlet.doc
```

但若真的這麼做，並不會刪除該檔，反而會得到下列的錯誤訊息：

```
-bash: Delete: command not found
```

這就是為什麼我們不能隨意輸入指令，並期盼 Raspberry Pi 能夠理解，它只能看得懂一些已經預先定義好的關鍵字並給予回應，這些指令可能具備特定功能，需以正確的方式輸入，才能正常運作。若想刪掉書評檔案，必須使用 Raspberry Pi 能夠理解的指令。在此種情況下，應該使用 **rm**（remove）指令：

```
rm hamlet.doc
```

如果你能學會這些指令，就不會被限制一定得要使用圖形使用者介面，你將能夠使用簡單的文字指令來操作檔案和撰寫程式。對某些工作來說，命令列介面反而比圖形使用者介面更加快速方便。所以本次冒險的主要內容，就是介紹一些基本指令，幫助你節省時間。

2.1　探索終端機

在此小節裡，我們將學習使用 GUI 的圖形終端機 LXTerminal，如圖 2-2 所示，會讓你熟悉部分常見的 Linux 指令。可透過下列其中一種方式來開啟終端機：

- 點選工作列上的「LXTerminal」圖示。
- 或是從主選單的 Accessories 子選單中，選擇「LXTerminal」。

這裡有個可供參考的 LXTerminal 和其他主題影片，請到資源網站 www.wiley.com/go/adventuresinrp2E，點選 Videos 標籤，選擇 CommandLine 檔。

LXTerminal 啟動之後，在黑色的螢幕背景上顯示著 **pi@raspberrypi ~ $**，如圖 2-2 所示。

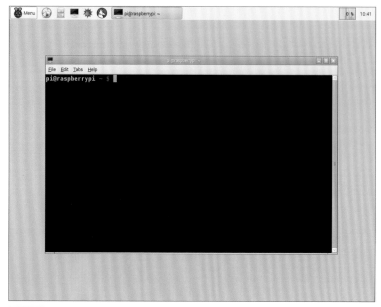

圖 2-2　在 Raspbian 的圖形使用者介面中打開 LXTerminal 終端機

　　登入 Raspberry Pi 系統後，在你輸入 **startx** 載入圖形使用者介面之前，你一定會看到這樣的一段文字：**pi@raspberrypi ~ $**。接下來，就讓我們來學習一下這段文字的含義：

- **pi** 是帳號名稱，也就是你登入時所輸入的。
- **raspberrypi** 是你的 Raspberry Pi 板子的主機名稱（**hostname**），一般來說，會在網路裡以此名稱代表該台電腦裝置，所以你是 raspberrypi 這台電腦上的使用者 pi。
- 當 raspberrypi 下面有目錄時，會被「~」符號取代，代表你的家目錄，算是一種便捷縮寫，若寫成完整的路徑，應該會是 /home/pi。
- 當 Raspberry Pi 詢問你想做些什麼的時候，會出現符號 $ 來提示你輸入指令，如圖 2-3 所示。

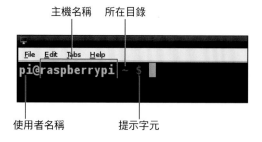

圖 2-3　解析 pi@raspberrypi ~ $ 的含義

　　現在，你可以嘗試與電腦進行溝通，請在終端機視窗裡輸入 **date**，按下 Enter 鍵。

Raspberry Pi 將會迅速以文字形式告訴你現在的日期和時間，而不是出現實際鐘錶的模樣。

主機名稱（**hostname**）是個在網路中區分電腦的名稱。Raspberry Pi 的主機名稱預設為 raspberrypi。

2.2 瀏覽檔案系統的指令

對於作業系統而言，檔案管理是最重要的功能之一。檔案和資料夾的組織架構類似於樹狀結構，在不同資料夾裡可以存有不同的上下層關係。圖 2-4 所顯示的檔案管理員（File Manager），就是圖形化的檔案管理工具，讓我們觀看檔案系統的結構，你可以從主選單的 Accessories 開啟檔案管理員。

與此同時，也可以在命令列介面裡使用簡單的指令來管理檔案。但在進行操作之前，必須先知道你此時此刻所處的位置，請在終端機視窗裡輸入 **pwd** 指令，確認目前所處目錄：

```
pi@raspberrypi ~ $ pwd
```

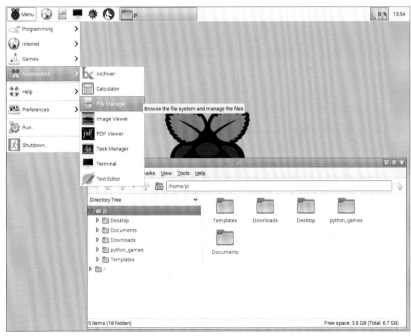

圖 2-4 Raspbian 的圖形化檔案管理員

接下來，Raspberry Pi 將會回應下列內容：

```
/home/pi
```

pwd 指令的作用是印出目前工作目錄，即 print working directory 的縮寫。顯示結果為 /home/pi，代表你目前正位於 pi 目錄下面，而 pi 目錄從屬於 home 目錄。

從圖 2-5 可看到，如果輸入 ls 指令，將會輸出（**output**）一個列表，裡面有檔案和目錄。趕緊輸入 ls 指令來查看一下目錄 pi 裡頭有些什麼東西：

```
pi@raspberrypi ~ $ ls
```

輸出（**output**）是指當你輸入 ls 指令後，輸出列表中的檔案和目錄名，就是你目前資料夾中的情況。

圖 2-5 　使用 ls 指令查看目前目錄下有哪些檔案和子目錄

　圖 2-5 顯示在 /home/pi 目錄中有 6 個子目錄，以藍色標示；有 1 個以粉紅色標示的 **ocr_pi.png** 檔；有 1 個以紅色標示的 **minecraft-pi-0.1.1.tar.gz** 檔案。但是所顯示的資訊似乎並不完全，只有名稱而已。那麼接下來，讓我們嘗試使用指令 ls -l。這一次仍使用 ls，但是加入 -l 參數（**parameter**），便能看到更多關於檔案和子目錄的細節資訊：

```
pi@raspberrypi ~ $ ls l
```

參數（**parameter**）會改變指令的執行行為，大多數 Linux 指令都有參數，決定指令的具體執行行為。現在，你只要記住 -l 是小寫英文字母的 L，不是數字的 1，如此即可。

如圖2-6所示，此次Raspberry Pi 會給出比圖2-5更詳細、更多關於檔案和子目錄的資訊，這些資訊包含檔案大小、建立日期、檔案所屬帳號和讀寫屬性等等。

若想在資料夾之間來回切換時，可使用指令 cd。請試著使用 cd 指令，從目前目錄切換到 Desktop。輸入下列指令：

```
pi@raspberrypi ~ $ cd Desktop
```

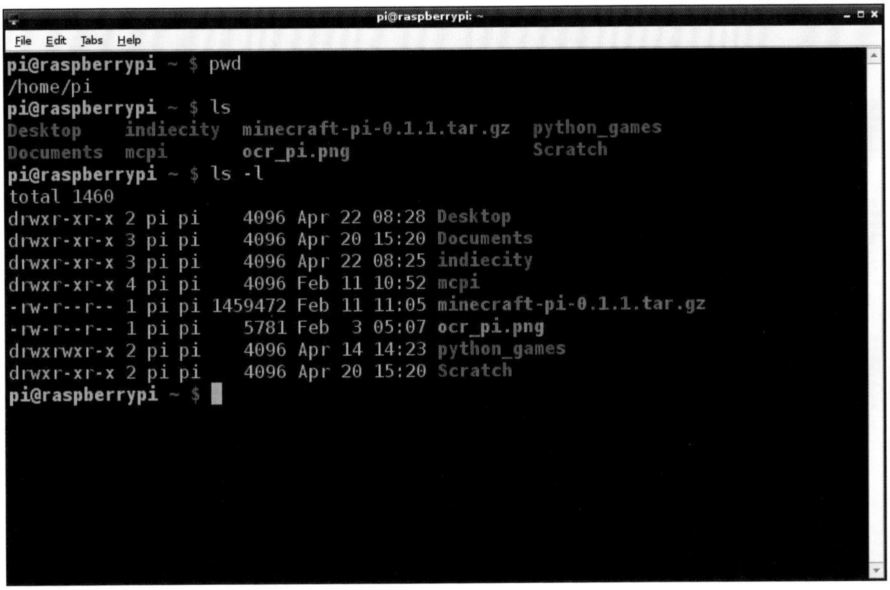

```
pi@raspberrypi: ~
File  Edit  Tabs  Help
pi@raspberrypi ~ $ pwd
/home/pi
pi@raspberrypi ~ $ ls
Desktop     indiecity   minecraft-pi-0.1.1.tar.gz   python_games
Documents   mcpi        ocr_pi.png                  Scratch
pi@raspberrypi ~ $ ls -l
total 1460
drwxr-xr-x 2 pi pi    4096 Apr 22 08:28 Desktop
drwxr-xr-x 3 pi pi    4096 Apr 20 15:20 Documents
drwxr-xr-x 3 pi pi    4096 Apr 22 08:25 indiecity
drwxr-xr-x 4 pi pi    4096 Feb 11 10:52 mcpi
-rw-r--r-- 1 pi pi 1459472 Feb 11 11:05 minecraft-pi-0.1.1.tar.gz
-rw-r--r-- 1 pi pi    5781 Feb  3 05:07 ocr_pi.png
drwxrwxr-x 2 pi pi    4096 Apr 14 14:23 python_games
drwxr-xr-x 2 pi pi    4096 Apr 20 15:20 Scratch
pi@raspberrypi ~ $
```

圖 2-6 用 ls -l 指令來列出關於檔案和目錄的更多資訊

接下來，將會看到下列的提示訊息：

```
pi@raspberrypi ~/Desktop $
```

請注意 ~/Desktop 出現在提示訊息中，提示你現在位於 Desktop 目錄內，而該子目錄位於你的家目錄中。

換句話說，你現在位於 /home/pi/Desktop 目錄下面。

如果想要回到上一層目錄，也就是 /home/pi，只需要輸入 cd ..（字母 cd 後需先接著空格，然後輸是 ..）。

```
pi@raspberrypi ~ $ cd ..
```

cd.. 指令將會切換回到上一層目錄，例如：目前目錄若是 /home/pi/Desktop，那麼輸入 **cd ..** 後，會回到目錄 /home/pi。任何時候，想要查看你目前所處目錄的名稱時，只要輸入 **pwd** 指令即可，如圖 2-7 所示。

```
                                        pi@raspberrypi: ~                           _ □ ✕
 File   Edit   Tabs   Help
 pi@raspberrypi ~ $ cd Desktop
 pi@raspberrypi ~/Desktop $ pwd
 /home/pi/Desktop
 pi@raspberrypi ~/Desktop $ cd ..
 pi@raspberrypi ~ $ pwd
 /home/pi
 pi@raspberrypi ~ $
```

圖 2-7　在 LXTerminal 終端機裡瀏覽檔案系統

如果你在操作檔案系統的時候，忘記目前所處的目錄，只要使用 pwd 指令就可以快速查知。

2.3　理解sudo的作用

　　當你使用帳號 pi 登入 Raspberry Pi，你擁有的權限是受到約束的，約束和限制的意義是為了防止重要的檔案被你不小心刪除。有些時候，你所下達的操作指令，將會對系統全體造成影響，例如：安裝應用軟體或是新增帳號，這時候就要使用 sudo 指令，sudo 允許你暫時成為超級使用者，讓你做任何想要進行的操作動作，包括刪除 SD 卡裡的任何一個檔案，所以當你使用 sudo 的時候，一定要謹慎小心！

　　有一些應用程式必須使用 sudo 指令才能執行，你知道為什麼嗎？

　　有一些應用程式需要足夠的權限，去改變受系統保護的部分，或者需要與受系統保護的部分一同工作，例如：GPIO 埠，因此必須以管理員權限來執行這些程式。例如：當你執行 **apt-get** 指令來安裝或更新軟體套件，就必須擁有管理員權限，否則將會失敗，因為沒有適當權限的話，系統不會允許你更動相關的檔案。

2.4 在命令列介面下啟動程式

除了圖形使用者介面，你還可以在命令列介面裡啟動程式，這個過程通常比你到圖形使用者介面中找尋圖示並點選的速度還要快。如果你沒有滑鼠，這就是再好不過的作法了。

嘗試在 LXTerminal 的命令提示字元後面，輸入下列指令：

```
leafpad
```

此時應會開啟 leafpad 應用程式（leafpad 是個文字編輯工具，可使用這個編輯器輸入文字，Raspbian 預設內建 leafpad）。

2.5 管理檔案和目錄

有些時候，你可能需要新增檔案，或是要複製、移動、刪除。下面列出 Linux 系統中常用的檔案操作指令：

- cat：顯示文字檔案的內容。
- cp：複製檔案。
- mv：移動檔案到新位置。
- rm：刪除檔案。
- mkdir：建立目錄。
- rmdir：刪除目錄。
- clear：清除終端機視窗的內容。

在終端機視窗中輸入下列指令，看看你是否能清楚解釋每一步都做了些什麼事。

```
pwd
cd to desktop
ls
touch hello
leafpad hello
rm hello
cd ..
```

2.6　安裝和更新應用程式

在冒險 1 中，你知道和 NOOBS 舊版相比，最新版本多了一些應用程式，可在桌面或是主選單中看到多出來的應用程式圖示。在後面的冒險中，將會使用 Scratch 和 Python IDLE 3，Raspbian 作業系統已經預設安裝好這些應用軟體。

如果你依照冒險 1 所述，讓 Raspberry Pi 連上網路，那麼就可以使用命令列介面，對想要的應用程式進行下載、安裝或升級等動作。

2.6.1　下載和安裝應用程式

找到新的應用程式，並安裝在你的 Raspberry Pi，其實是件很容易的任務。Pi Store（http://store.raspberrypi.com/projects）是個包含免費和收費應用程式的官方軟體商店，用法如同 App Store。請嘗試輸入下列的指令：

```
sudo apt-get install scrot
```

Scrot（screen shot 的縮寫）這個程式，可以抓取 Raspberry Pi 桌面的截圖。sudo apt-get 指令要求 Raspberry Pi 經由網路連線來尋找這個應用程式，取回並安裝到作業系統裡。這個指令需要管理員權限才能運作，因為安裝程序會改變系統檔案。

輸入上述指令並按下 Enter 鍵，幾秒鐘之後，終端機視窗將會出現大量訊息，要求你查看 SD 卡的儲存空間是否足夠安裝這個應用程式，此時可按下 Y 鍵表示同意繼續安裝，或者按下 N 鍵表示空間不足取消安裝程序。

圖 2-8 秀出 Scrot 程式的完整安裝過程，在螢幕下方有個問題「Do you want to continue [Y/N]?」，我回答「yes（Y）」，表示繼續安裝。

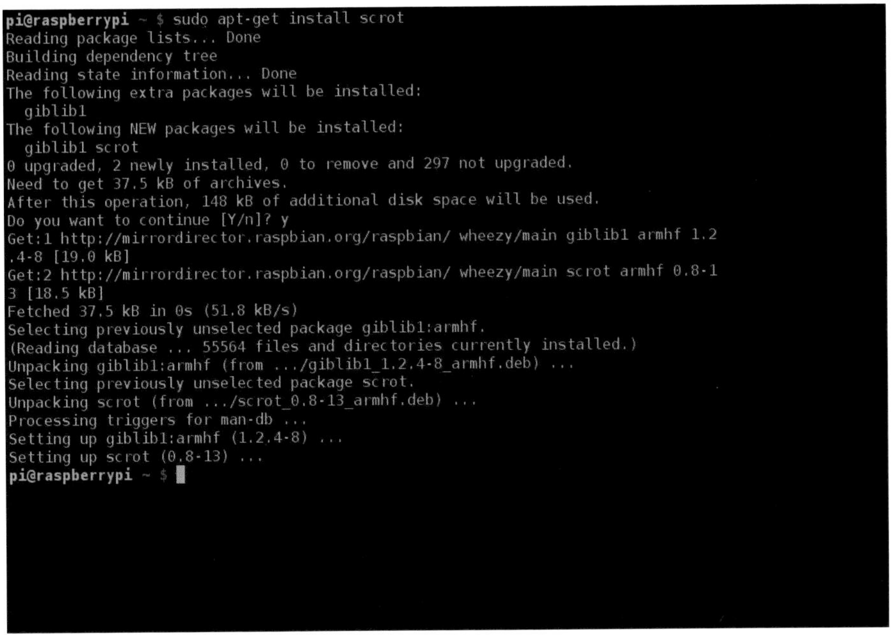

```
pi@raspberrypi ~ $ sudo apt-get install scrot
Reading package lists... Done
Building dependency tree
Reading state information... Done
The following extra packages will be installed:
  giblib1
The following NEW packages will be installed:
  giblib1 scrot
0 upgraded, 2 newly installed, 0 to remove and 297 not upgraded.
Need to get 37.5 kB of archives.
After this operation, 148 kB of additional disk space will be used.
Do you want to continue [Y/n]? y
Get:1 http://mirrordirector.raspbian.org/raspbian/ wheezy/main giblib1 armhf 1.2
.4-8 [19.0 kB]
Get:2 http://mirrordirector.raspbian.org/raspbian/ wheezy/main scrot armhf 0.8-1
3 [18.5 kB]
Fetched 37.5 kB in 0s (51.8 kB/s)
Selecting previously unselected package giblib1:armhf.
(Reading database ... 55564 files and directories currently installed.)
Unpacking giblib1:armhf (from .../giblib1_1.2.4-8_armhf.deb) ...
Selecting previously unselected package scrot.
Unpacking scrot (from .../scrot_0.8-13_armhf.deb) ...
Processing triggers for man-db ...
Setting up giblib1:armhf (1.2.4-8) ...
Setting up scrot (0.8-13) ...
pi@raspberrypi ~ $
```

圖 2-8 使用 **apt-get install** 指令下載並安裝 scrot 應用程式

在本章前頭，你已經學會如何從命令列介面執行應用程式，當 scrot 應用程式安裝完成後，可以直接在命令列介面裡輸入 scrot 來啟動，並且觀察其運作情況，scrot 會截取目前的螢幕畫面，並以圖片的形式儲存在家目錄中，然後你可以使用檔案管理員找出圖片，檔案名以日期和時間為開頭，末尾的副檔名則是 **.png**，這是常見的圖檔格式。找到這個檔案後，只要打開它就可以觀看。

2.6.2　進一步瞭解應用程式

每一個 Linux 應用程式或指令，都有一份說明文件，描述這個應用程式的可用設定和特性。若想閱讀這份說明文件，可以使用指令 **man** 加在應用程式名稱的前面，如此便可查閱。例如：若想要查閱文字編輯器 nano 的說明文件，輸入 **man nano** 即可。範例如圖 2-9 所示，秀出 scrot 的說明文件內容。

說明文件列出應用程式的使用方法和附加功能，若你想要使用，便可按照說明進行操作。以 scrot 應用程式為例，可以在抓圖之前設定延遲時間。閱讀應用程式的說明文件是個非常好的習慣，在你不知道如何下達指令的時候，提供非常有用的資訊。

圖 2-9 查閱應用程式的說明文件瞭解更多詳情

2.6.3 升級應用程式

請養成好習慣，大約每兩週檢查一次是否應升級應用程式，升級後的應用程式將會修復既有的臭蟲錯誤、或是增加新功能，這些程式臭蟲可能會影響系統的安全性，所以升級是非常必要的例行事務。

若想升級應用程式，首先需要輸入下列指令，下載應用程式的新版資訊：

```
sudo apt-get update
```

接下來，輸入下列的指令，真正開始升級動作：

```
sudo apt-get upgrade
```

2.7 編輯檔案

輸入 nano 指令可開啟文字編輯器，這是能夠編輯文字的應用程式，這個文字編輯器非常方便，之後我們將會使用它來撰寫、修改程式。下面的步驟將指引你如何使用 nano 來建立文字檔案（見圖 2-10）。

1. 在桌面建立文字檔案。為了辦到這一點，首先請使用 **cd** 指令切換工作目錄到 Desktop 之下，然後使用 **nano** 建立檔案，如下所示：

   pi@raspberrypi ~ $ cd Desktop

   pi@raspberrypi ~/Desktop $ nano hello

2. 此時 nano 將會開啟名為 **hello** 的文字檔案，你可以輸入任何想要的內容，如同圖 2-10 所示，我輸入的內容是「Hello Raspberry Pi Adventurers!」，你可嘗試輸入喜愛的電影台詞或歌詞。

3. 若想退出編輯器，請按下 [Ctrl] + [X]，終端機將會出現下列的提示訊息：

   Save modified buffer (ANSWERING "No" WILL DESTROY CHANGES)？

   如果想要儲存更改的地方，按下 [Y] 鍵表示同意，反之按下 [N] 鍵表示不同意。

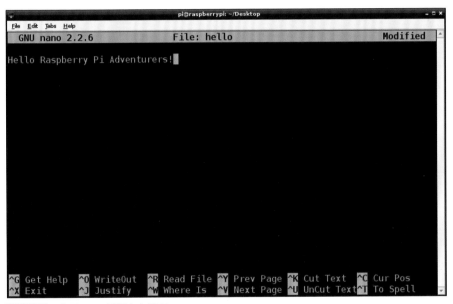

圖 2-10　使用 nano 編輯文字檔案

　　關於使用 nano 來編輯檔案，若想深入學習，請執行 **man nano** 來查看說明文件。

2.8　關機和重新啟動指令

　　Raspberry Pi 啟動之時，會按照指示載入作業系統，同樣的，當你想關閉 Pi 的時候，也應當讓它按照指示進行關閉動作，這樣才能保證儲存在 SD 卡裡頭的檔案系統，能夠維持持完整並避免出錯毀損。所以正確關閉 Raspberry Pi 系統是非常重要的動作，切記不要直接拔掉電源插頭。在圖形化使用者介面中，很容易就能找到關閉按鈕，但是在命令列介面裡，只能像冒險 1 中學到的那樣，下達指令 shutdown 來關閉系統。

首先，確保你已經關閉之前開啟的所有應用程式，通通確實關閉後，輸入下列的指令：

```
sudo shutdown -h now
```

參數 -h 在這裡代表停止的意思，當系統停止後，你就可以安全地拔除電源線。

某些時候，我們僅僅想要重新啟動作業系統，那麼可以使用 -r 參數，作業系統將在關閉後重新啟動：

```
sudo shutdown -r now
```

2.9　繼續指令學習之旅

如果想要進一步瞭解 Linux 終端機介面可使用的指令，請開啟桌面上的 Debian Reference 捷徑，含有更多的資訊與說明。若想要複習或記憶本章介紹的指令，可以參考下面的快速參考表。

命令列介面指令快速參考表	
指令	描述
cat	顯示文字檔案的內容
cd	改變目前的工作目錄。例如：指令 cd Desktop 會切換進入 Desktop 目錄
cd ..	切換到目前工作目錄的上層目錄
cp	複製檔案
clear	清除終端機視窗的內容
date	顯示日期和時間
ls	顯示目前目錄裡的檔案和子目錄
ls -l	詳細顯示目前目錄裡的檔案和子目錄。注意 l 是字母 L 的小寫，不是數字 1
man	顯示應用程式或指令的說明文件
mv	移動檔案到新的位置
mkdir	建立目錄（資料夾）
nano	開啟 nano 文字編輯器。如果要打開特定的檔案，只要在後面加上檔案名稱即可。如要打開 hello 檔案，則要輸入 nano hello
pwd	顯示目前工作目錄的路徑
rm xxx	刪除名為 xxx 的檔案
rmdir	刪除目錄

命令列介面指令快速參考表	
指令	描述
startx	啟動 Raspbian 的圖形使用者介面（桌面環境）
sudo	賦予使用者 root 或超級使用者的權限
sudo apt-get install xxx	指令 Raspberry Pi 經由網路連線尋找名為 xxx 的應用程式並安裝
sudo apt-get update	下載 Raspberry Pi 既有的應用程式版本資訊
sudo apt-get upgrade	在 Raspberry Pi 上安裝可更新的應用程式
sudo shutdown -h now	關閉 Raspberry Pi
sudo shutdown -r now	關閉 Raspberry Pi 後重新啟動

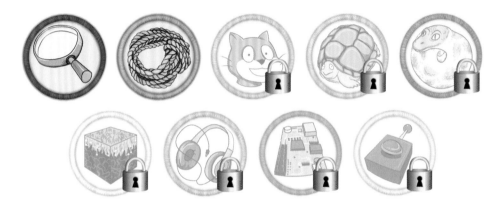

解鎖成就：Raspberry Pi 能夠對你下達的指令做出回應！

關於下一個冒險⋯

在冒險 3 中，我們將會介紹基本的程式設計技巧，使用圖形化程式開發介面 Scratch，製作瘋狂小猴子動畫，以及角色扮演型冒險遊戲。

Adventure 3

運用Scratch設計故事創作遊戲

　　只要你能夠拼拼圖，也就意味著你有能力使用 Scratch 設計電腦程式！僅需要搭配一些簡單的點選拖拉動作，你就可以讓蝙蝠飛過城堡，讓忍者避開士兵，或是召喚出一群蝴蝶穿梭於花園中。

　　Scratch 由麻省理工學院媒體實驗室所設計研發（官方網站：http://scratch.mit.edu），致力於幫助年輕學子，學習基本流程控制和程式設計概念。這款免費軟體在世界各地甚為風行，每年都有個 Scratch 國際紀念日，在那一天，人們會慶祝並且分享自己創作的 Scratch 程式。

　　Scratch 是款圖形式程式語言，意思是說，能讓你以拼接積木的方式，取代撰寫程式和指令來建立腳本，以及指定想要執行的動作。使用 Scratch 可建立自訂的舞台（stage）場景、具備特徵的角色（sprite）以及互動劇情故事，最終完成一款電腦遊戲。

　　在這次冒險中，首先將以類似於 Hello World! 的程式，來讓 Scratch 貓打招呼說「hello」，藉此快速入門 Scratch 的基本操作。在那之後，將會建立搞怪猴角色，讓牠能夠在舞台上移動並改變面部表情。最終會設計一款包含豐富故事背景和不同得分規則的角色扮演遊戲。

角色（sprite）在 Scratch 中代表的意思是，可由程式控制做事情的任何東西，並且可由你自行定義。

舞台（stage）就像是角色所處的背景環境。你可以在舞台上加入各種角色，並允許角色與舞台進行互動，例如：可以畫出一道牆壁來限制角色的移動範圍。

3.1 開始學習Scratch

如果你使用最新版本的 Raspberry Pi 作業系統 Raspbian，那麼 Scratch 已經預先裝好，可在主選單中的 Programming 子選單找到 Scratch 貓的圖示（見圖 3-1），點選該圖示便可啟動 Scratch（見圖 3-2）。

圖 3-1 Scratch 貓

你在學校裡可能已經用過 Scratch 軟體，但是 Raspberry Pi 的 Scratch 版本，看起來有一點點不同，這是因為 Raspberry Pi 使用的 Scratch 版本是 1.4，而學校或是在網路上使用的版本是 Scratch 2.0。

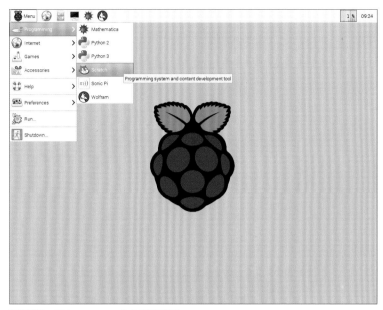

圖 3-2 經由 Raspbian 的主選單啟動 Scratch

3.1.1　Scratch主介面

Scratch 的操作介面，包括四個主要部分，介面如圖 3-3 所示。

- **舞台（Stage）**：你所製作的動畫、劇情和遊戲，都會顯示於這個區域裡頭，方便你觀察作品，檢查增加背景與角色時的變化。這個舞台採用含 X、Y 軸的二維座標系統，這麼一來，我們就可以撰寫事件或者動作，去控制角色在舞台上的位置。例如：你可以指定 (X, Y) 座標，讓星星出現在舞台的右上角。

- **角色控制面板（Sprites palette）**：這個面板顯示你為專案所建立的角色和角色屬性，在此可以查看或編輯角色，自行定義角色等等。

- **積木控制面板（Blocks palette）**：積木控制面板分為兩個部分，頂部含有 8 個標籤－動作（Motion）、視角（Looks）、聲音（Sound）、工具筆（Pen）、流程控制（Control）、感應（Sensing）、運算子（Operators）和變數（Variables），每個標籤都相當於一組不同功能的積木，讓你用於專案之中。點選某標籤之後，就能使用該功能群組裡的積木，並且在面板底部顯示詳細的設定資訊。你可以選擇想要使用的積木，拖拉後放置到腳本標籤上，便可建立出腳本。

- **腳本標籤（Scripts tab）**：Scratch 介面中間的面板，頂端有 3 個標籤，如腳本（Scripts）、造型（Costumes ）和聲音（Sounds）。點選「腳本（Scripts）」標籤後，便可以拖拉積木到這個面板，然後加以組合，形成你自己的腳本。

積木控制面板　　　腳本標籤　　　　　　　角色控制面板　　　　舞台

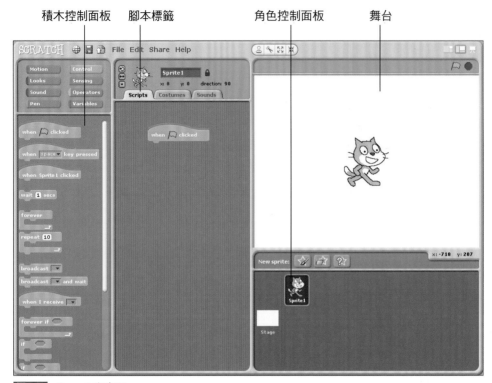

圖 3-3 Scratch 主介面

3.1.2 快速建立程式讓Scratch貓打招呼

學習 Scratch 最好的方式就是實際動手操作！在這項專案中，你將會藉由控制 Scratch 貓來學習基本的 Scratch 操作動作。

1. 首先，確認已選取角色控制面板裡標示為 Sprite1 的貓角色。

2. 點選中央面板的「腳本（Scripts）」標籤，接下來將要拖拉積木到腳本編輯框，便能建立腳本程式，這個腳本描述你想要進行哪些動作。

請注意標籤頂部的貓和標籤 Sprite1，指出眼前顯示的腳本將會應用到此角色。當你想要到腳本標籤裡頭工作時，請務必確認是否選擇了正確的角色。

3. 接下來，點選積木控制面板頂部的「控制（Control）」標籤，可以看到所有的控制積木都處於可用狀態。

4. 拖拉 when 🏴 clicked 控制積木到腳本編輯框（Scripts）中，如圖 3-4 所示。這個控制積木代表程式的開始按鈕，換句話說，點選這個綠色小旗的話，就會開始執行你建立的腳本。

5. 接下來，點選積木控制面板頂部的「動作（Motion）」標籤，查看可以使用哪些動作類積木。在可以選擇的列表中，拖拉 move 10 steps（移動 10 步）到腳本編輯框，並且把它和上一步放置的控制積木組合在一起，如圖 3-4 所示。

有些積木含有可修改的部分，可由你定義。例如：在動作積木的 move 10 steps（移動 10 步），其實可以改成任何你想要的步數。

6. 現在請點選「視角（Looks）」標籤，拖拉 say Hello!（說你好）到腳本編輯框，並且把它和上一步放置的積木組合在一起。

7. 點選「聲音（Sound）」標籤，拖拉 play sound meow（播放貓叫的聲音，喵～～）到腳本編輯框，同樣把它和上一步放置的積木組合在一起。

8. 最後，儲存你的專案檔，並點選右上角的綠色小旗，查看你所建立的腳本執行結果。

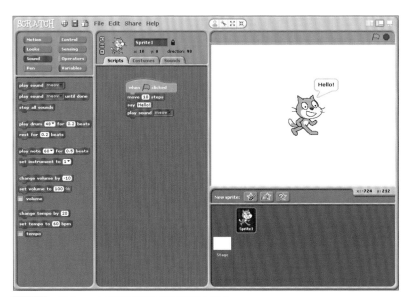

圖 3-4 讓 Scratch 貓打招呼所需要的積木組合

設計製作包含角色與腳本的 Scratch 程式時，定時儲存並測試，會是個好習慣，為了做到這一點，首先點選「File（檔案）→ Save（儲存）」，然後點選適當的按鈕開始測試你的程式。Scratch 程式會存放在 Raspberry Pi 的 Scratch 專案資料夾下面。需要提醒你的是，當完成本章每個小部分時，請別忘記儲存，我會在每小節的最後提醒你。

　　恭喜你，已經寫好第一個 Scratch 程式囉！當然啦，使用 Scratch 能做的事情，遠比在螢幕上移動一隻小貓還要多得多。在下一小節中，將會學習你能自己動手設計的部分，也就是 Scratch 的舞台和造型。

3.2　設定舞台

　　如果你正使用 Scratch、想要建構動畫故事或電腦遊戲，一定想要改變白色背景的舞台，藉以設定營造故事的情境。作法有兩種：設計背景並自行繪製，或是從 Scratch 內建圖片庫裡選擇圖片檔。

　　若想改變背景圖片，首先點選「舞台（Stage）」圖示，位於角色控制面板的旁邊，然後選擇「背景（Background）」標籤，現在，你可以選擇編輯現有舞台或新增舞台。

- 如果想編輯現有的背景，在背景標籤中點選「編輯（Edit）」按鈕後，會出現塗鴉編輯器（Paint Editor），如圖 3-5 所示。使用塗鴉工具為你的遊戲或動畫繪製背景，例如：畫個房間或迷宮。

圖 3-5　Scratch 的塗鴉編輯器視窗

- 如果要增加新背景，同樣可以打開塗鴉編輯器來繪製，或是點選「匯入（Import）」按鈕，使用背景圖片庫中的圖片檔，如圖 3-6 所示。

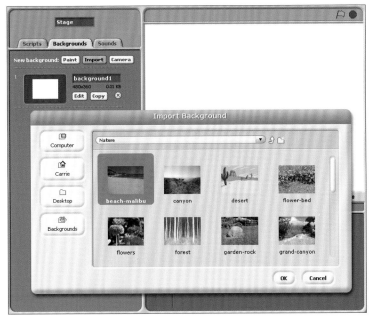

圖 3-6 Scratch 的背景圖片載入視窗

Scratch 另外還有一個選項，可允許你使用 Webcam 相機所拍下的圖片。點選「相機（Camera）」可開啟這個選項。在你使用這個功能之前，先確認已把USB相機插入USB埠，或是把 Raspberry Pi 相機模組插入軟排線插槽。

這裡有個可供參考的建立背景和角色的影片，請到資源網站 www.wiley.com/go/adventuresinrp2E，點選 Videos 標籤，選擇 QuickHelloFromScratch 檔。

3.3 設計造型與原創角色

當然啦！你不必每次都使用 Scratch 貓作為角色，可建立其他角色，如動物、人物、太空人、花朵、甚至是籃球。Scratch 自己擁有一套角色庫，與背景庫非常相似，可由你挑選出喜歡的角色，增加到專案裡，或者簡單地手動塗鴉，自行繪製角色。

3.3.1 使用Scratch內建的角色圖片庫

在角色控制面板的頂部，可找到「Choose New Sprite（選擇新角色）」選項（帶有資料夾和星星的圖示），點選後會出現如圖 3-7 的畫面，瀏覽它提供的所有選項，選出一個你中意的，點選「OK」，就會增加到專案裡。

圖 3-7　使用 Scratch 的角色圖片庫

3.3.2 編輯已經存在的角色

在角色控制面板中，選擇既有的角色，然後到中間面板點選「造型（Costumes）」，接著點選角色圖片下方的「編輯（Edit）」按鈕，就可以打開塗鴉編輯器，如圖 3-8 所示。你可以使用塗鴉工具修改 Scratch 貓的原圖，加入你自己的風格，例如：畫個帽子或者鬍鬚。在之後的篇幅裡，將會介紹如何建立多變角色造型的作法。

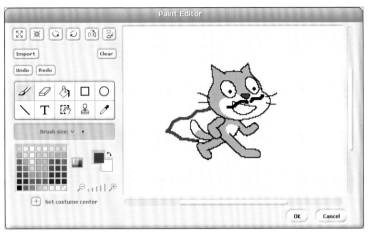

圖 3-8　使用塗鴉編輯器編輯已經存在的角色──嘿，兩撇小鬍子！

3.3.3　建立你自己的原創角色

在角色控制面板中，點選「Paint New Sprite（繪製新角色）」圖示（畫筆和星星的圖案），建立屬於你自己的原創角色，可以在彈出來的塗鴉編輯器中，自由地使用畫筆或幾何工具繪製角色。

請玩玩 Scratch 的各個部分，熟悉這套軟體的操作方式。當你對 Scratch 的工作原理感到心領神會的時候，就可以開始學習下個主題──動感搞怪猴！

3.4　讓搞怪猴動起來

在冒險旅程中，遇到挑戰是很稀鬆平常的事情，尤其是長途跋涉穿越廣闊的雨林。嘿，若能讓搞怪猴子在螢幕上跳來跳去，並且帶有多變的面部表情，豈不是個十分有趣的挑戰項目！

這裡有個可供參考的搞怪猴專案影片，請到資源網站 www.wiley.com/go/adventuresinrp2E，點選 Videos 標籤，選擇 CrazyMonkey 檔。

1. 首先啟動 Scratch，選擇「檔案（File）→新增（New）」。在新增的專案中，右鍵點選 Scratch 貓角色，彈出選單後，選擇「刪除」。

   在這個範例專案中，需要熱帶雨林風格的背景和猴子角色，你可以使用 Scratch 內建的塗鴉工具繪製，也可以像之前所述，使用 Scratch 內建圖片庫中的熱帶雨林背景和猴子角色。如果你的 Raspberry Pi 已經連上網路，那麼可以到本書資源網站，下載教材中所使用的熱帶雨林圖片和猴子角色。網址：**www.wiley.com/go/adventuresinrp2E**。

2. 在角色控制面板中，選擇猴子角色，然後點選上面的「造型（Costumes）」標籤。點選「編輯（Edit）」按鈕上方的角色名稱，重新命名為 Monkey1。點選「複製（Copy）」按鈕，再建立出一隻差不多的猴子，此時在造型標籤下，你應該能看到兩隻猴子，名字分別是 Monkey1 和 Monkey2。

3. 下一步是改變 Monkey2 的表情。點選 Monkey2 下面的「編輯（Edit）」按鈕開啟塗鴉編輯器（Paint Editor）。使用 paintbrush（自由畫筆）工具繪製新的嘴巴，替代原有的模樣（圖 3-9）。還可以按照你的想法，儘可能繼續調整，進行細微的修改，改變每一隻猴子的表情。

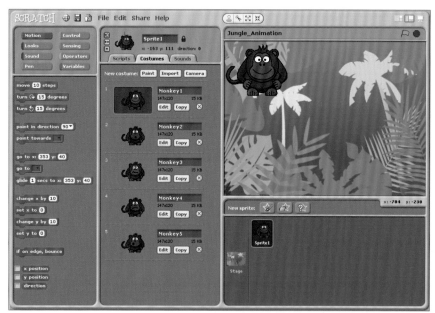

圖 3-9 微微改動每隻猴子角色的表情，注意觀察每隻猴子臉上表情各不相同

4. 繼續複製，建立新角色，分別賦予不同的表情，可以改變眼睛或是尾巴的部分。

5. 現在請點選「腳本（Scripts）」標籤，將要建立一系列的指令，來選擇這些不同的角色，點選「控制（Control）」群組，拖拉 when 🏳 clicked 積木到腳本編輯框。

6. 下一步，在積木控制面板中點選「視角（Looks）」標籤，加入 switch to custom Monkey1（見圖 3-10），你可以使用這個積木的向下三角形，選擇希望在開始執行時最先展示的猴子造型。

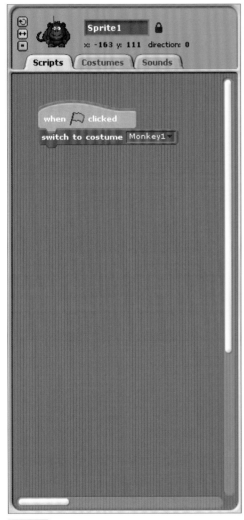

圖 3-10　剛開始的搞怪猴腳本

7. 在積木控制面板中，選擇「控制（Control）」群組，加入第一個積木下面的 forever 積木。在 forever 積木中，你可以加入 wait 1 secs 積木和 next costume 積木，此時的腳本應如圖 3-11 所示。

　　forever 積木其實是個迴圈（loop），它會一直執行裡頭所包含的程式，直到你終止程式。在這種情形下，我們便能夠不斷地變換猴子表情。在電腦科學領域裡，把這種形式的重複動作稱為迭代（iteration）。

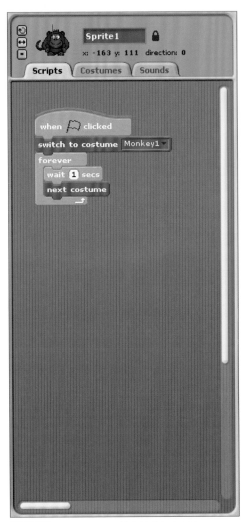

圖 3-11 含有 forever 積木的搞怪猴腳本

當你點選綠色小旗時，會發生什麼事呢？請趕快試試，檢查程式是否正確。

接下來，加入更多的動畫，讓搞怪猴在移動的同時，也變換表情。

8. 選擇腳本標籤，在你已完成的程式下方，加入另一個 when clicked 積木。

9. 下一步，加入動作積木 **go to x: 0 y: 0**。

Scratch 的舞台採用 x、y 座標系統，藉以描述角色出現的位置，如果你想要讓角色的初始位置位於舞台中間，只要設定為 x: 0 和 y: 0 即可。如果想要讓角色出現在舞台左上角的位置，那麼設為 x: -163 和 y: 111 即可。注意，以滑鼠選擇某角色後，可以在腳本編輯框的頂部看到它現在所處的座標位置，如圖 3-12 所示，使用滑鼠來移動角色，便可觀察座標的變化情況。其實還有一個更方便的作法，到背景圖片庫載入一張具有座標的圖片，幫助你定位。

10. 同樣的，需要加入 **forever** 控制積木來重複指令，然後加入三個積木到 **forever** 積木中，分別是 **move 10 steps**、**turn 15 degrees tight**、**if on edge, bounce**。

11. 注意腳本（Scripts）標籤上猴子角色旁的三個按鈕（見圖 3-12），這三個按鈕控制著角色的旋轉方向。點選中間的按鈕，它是指角色 **only face left and right**，這將會為搞怪猴角色增加更多的動畫效果，而不僅僅是改變嘴巴表情而已。

點選「檔案（File）→儲存（Save）」來儲存動畫專案，命名為 jungle animation，放在 Scratch 專案資料夾下面。

圖 3-12 秀出完整的腳本，請注意，我增加了三個大積木，包括在動畫中播放音樂。

你認為現在猴子會做些什麼呢？會變換造型嗎？趕快點選綠色小旗試一試！

挑戰

光是讓搞怪猴變換表情，如果你還不過癮，可以為它增加一些音效，為什麼不自己動手嘗試呢？你認為哪個積木可以播放聲音？如果找不到的話，那就看看圖 3-12 最下面的程式積木吧！

角度控制　　　x、y 座標

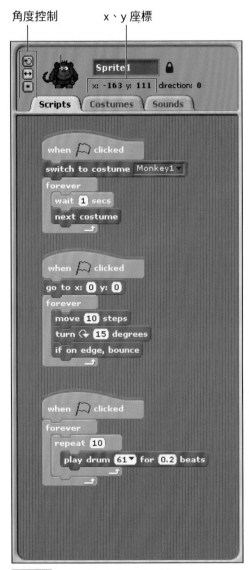

圖 3-12　最終完成的 Scratch 腳本

3.5　創作角色扮演型冒險遊戲

　　現在，你已經能夠捕捉叢林裡跳來跳去的搞怪猴，該是時候攻克下一層次的挑戰難題了，接下來，我們將要學習如何使用 Scratch 打造角色扮演型的第一人稱冒險遊戲。

在這項範例專案中，將要建立單人玩家遊戲，他能夠移動到不同的地點、房間等等，需要避開有毒的花朵，直到獲取魔法鑰匙，是不是很有趣呢？在這段創作過程中，你將會學習所有程式語言皆通用的概念（例如：迴圈、條件判斷、變數等等）。

 這裡有個可供參考的冒險遊戲專案影片，請到資源網站 www.wiley.com/go/adventuresinrp2E, 點選 Videos 標籤，選擇 ScratchAdventureGame 檔。

3.5.1　角色和舞台

在這個環節裡，首先需要繪製俯視或鳥瞰視角的探險家角色，如圖 3-13 的例子所示（不要忘記新建專案後，以右鍵點選 Scratch 貓角色，彈出選單後選擇「刪除」）。

點選自由畫筆工具，打開塗鴉編輯器（Paint Editor）視窗，使用工具建立你的角色。一定要確認所繪製的角色面向正確的方向，因為在後續專案建構過程中，將會顯得非常重要。還需要在舞台上建立室外洞穴和室內洞穴，並以室內和室外分別標示，這樣一來，在你編輯專案的時候，才不會混淆。繼續進行下一步之前，別忘記儲存已經完成的部分。讓我們回憶一下之前的小節「設定舞台」，運用已學會的知識建立背景。圖 3-13 是我所建立的版本。

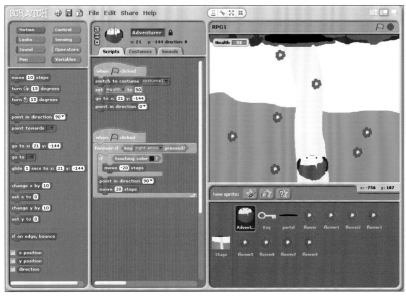

圖 3-13　用 Scratch 建立單人冒險遊戲

3.5.2 設定探險家的初始位置

遊戲開始的時候，探險家的位置一定都是從舞台上某處出發，畢竟這款冒險遊戲必定得從某處開始。下面步驟介紹如何設定探險家的初始位置。

1. 點選 Adventurer（探險家）角色，並且放置在舞台中，調整到你希望作為開始地點的位置。

2. 拖拉 when 🚩 clicked 積木和 go to x: y: 積木到腳本編輯框中，如圖 3-14 所示。

3. 設定你希望作為起始位置的 x、y 座標，藉由腳本標籤上面的座標狀態，可看到目前位置確切的座標。

4. 如果你想要讓探險家角色，在遊戲開始時朝向不同的方向，可以加入動作積木 point in direction，這個積木中的變數是個角度值，決定初始狀態下角色朝向的方向，使用 0 可以讓角色豎直朝上，使用 -90 可以讓角色朝向左方，使用 90 可以讓角色朝向右方，或者使用 180 讓角色豎直朝下。請嘗試改變這個值，並觀察角色的變化（見圖 3-14）。

圖 3-14　為角色設定初始位置

3.5.3 建立變數：探險家的生命值

在單人遊戲中，玩家所操作的角色，一般來說在剛開始時都會擁有某數目的生命值，遊玩過程中，生命值也許會減少，也許會增加，取決於是否遭遇敵人或是得到補給，所以我們需要為角色建立可以改變的量作為生命值，Scratch 稱之為變數（variable），變數的值可以改變，並允許你應用到不同的角色身上。在遊戲開始時，可以設定確切的生命值，例如 50 點。在遊戲開始後，該變數可以自由改變，舉個例子，若找到有用的補給，可以增加 10 點生命值。這項特性會讓遊戲變得更加有趣。

變數（variable）允許你儲存數值，並且可以改變。此處的探險家生命值，就是應用變數的絕佳範例，碰到不同情況時，你可以對它進行相對應的增加或減少動作。

下面步驟介紹如何建立變數：

1. 在積木控制面板中，點選「Make a variable」來建立變數，在彈出的視窗中，為你的變數取個名稱。

2. 請把變數命名為 Health（生命值），並且在點選「OK」之前，確認你點選了「For all sprites」選項。圖 3-15 秀出正確的設定。

圖 3-15　建立變數

3. 之後，你會看到一些橘黃色積木，被加入到積木控制面板的 Variables（變數）面板裡，舞台上還出現一個小小的變數指示條（見圖 3-18）。

4. 在程式開始的地方，加入 set Health to 0 積木，可以在 0～50 之間改變 Health 變數的值，這意味著當你點選綠色小旗時，Health 值將被設為 50 點。圖 3-16 列出到目前為止的所有積木。

5. 記住一定要點選「檔案（File）→儲存（Save）」，儲存到目前為止已經完成的部分。然後點選綠色小旗子開始測試程式。

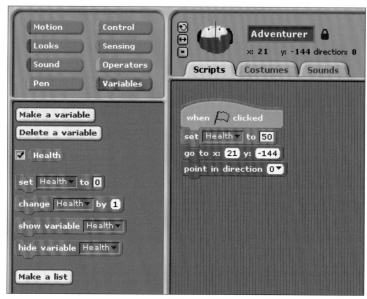

圖 3-16 到目前為止的程式圖

3.5.4 控制探險家的動作和方向

電腦遊戲有個重要特徵，就是能夠使用按鍵來控制角色。在 Scratch 中，你可以為角色或舞台建立多個腳本程式，並且能夠同時執行，這種同時執行多個腳本程式的情況，在電腦科學領域裡叫做執行緒（**thread**）。我們將為探險家角色建立一系列的腳本程式，負責控制他們的移動狀態。

下面步驟介紹如何控制角色的動作和方向。

1. 你已完成第一部分的腳本程式，那部分的腳本程式設定了角色的初始位置和生命值變數，現在請到下方加入新的 when 🏳 clicked 積木。

2. 然後加入 forever if（條件迴圈）積木，請注意這個積木含有六邊形的部分，這個部分允許你再加入其他積木，例如：運算子（Operators）或是感應（Sensing）積木。**forever if** 迴圈只有在其中條件為真的情況下才會跑進去執行，對於此專案而言，點選積木控制面板中的感應（Sensing）標籤，拖拉 key right arrow pressed 積木到 **forever if** 的六邊形區域，如此一來，便可建立條件述句（**conditional**）。請注意，藉由該塊積木的下拉選單，可選擇相關聯的按鍵，允許你在後面的專案中、設定不同的按鍵來實現不同的移動狀態。

在電腦程式裡，條件述句（conditional）具備判斷作用，只有在條件述句為真的時候，後面的程式才會繼續執行。如同步驟 2 所設定的條件迴圈，只有按下正確的按鍵，積木裡指定的動作才會執行。

3. 現在請加入動作類積木 point in direction 到 forever if 迴圈中，並設定為 90 度，此時角色會轉向右方。

4. 在這塊積木下方，繼續加入一個 forever if 積木，加入 move 0 steps 並把值設為 20 步。請看圖 3-17，現在的腳本程式如圖所示。

5. 點選 🚩，開始測試這個腳本程式，然後按下正確的按鍵，觀察角色變化。

6. 依此類推，建立其餘三個方向的腳本程式，改變積木中的值來讓角色移動。最後記得儲存專案檔。

圖 3-17 控制探險家角色的移動和方向

3.5.5　進入洞穴並切換背景

單人電腦遊戲還有一項重要特點，就是可以控制角色在不同場景間切換移動，在本章範例遊戲中，探險家角色起初位於洞穴外，在進入之前，他需要穿越整個舞台到達洞穴入口。本專案一開始的時候，就要求你建立兩個不同的舞台場景，一個在洞穴外，一個在洞穴內，在洞穴外的舞台場景，其實之前就一直在使用，那麼現在問題來了，如何為探險家切換選擇不同的場景呢？這時候需要為探險家和新的舞台場景建立新腳本。

加入腳本讓探險家在不同場景間移動

Scratch 程式由很多個小腳本組成，有些時候，需要可以讓它們之間相互協作的機制，例如：當探險家從某地方移動到另一個地方，那麼下面的腳本程式也應當改變到相應場景的模式，這麼一來，當探險家觸發它之後，就可以把這個資訊廣播（**broadcast**）給其他的腳本和舞台，以便做出相對應的動作與變化。

下面以具體步驟，介紹如何辦到上述要求：

1. 首先需要建立新角色，作為洞穴入口處。只要在角色控制面板裡點選「Paint New Sprite 按鈕（自由畫筆工具）」，使用圓形工具畫出橢圓，並讓橢圓對應到洞穴入口處（見圖 3-18），這個橢圓就會成為你的新角色。

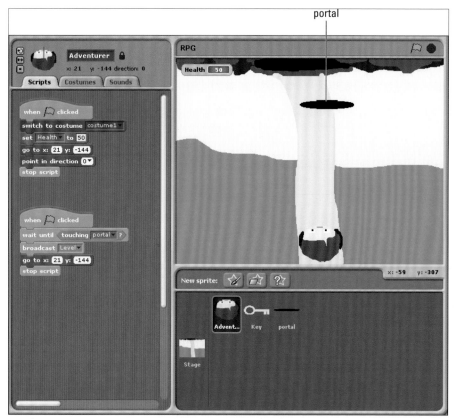

圖 3-18　洞穴入口的 portal 角色和腳本。注意左上角的變數指示條

2. 為這個角色取名為 portal，並且把它的位置座標設定到洞穴入口處。這個新 portal 會作為觸發器，然後達到切換不同場景的效果。

3. 在角色控制面板選擇探險家，然後加入新腳本觸發入口的機關。加入新的 **when** 🚩 **clicked** 積木到探險家角色的腳本編輯框中，之下再加入 **wait until** 積木，這是另一種條件控制積木，不同於 **forever** 迴圈，當條件滿足時，這個積木下面的程式只會依序執行一次。按照此處情況而言，當探險家角色接觸到 portal 角色時，狀態應為真。

4. 加入感應類型積木 touching 到 wait until 積木中的六邊形區域，使用 touching 積木的下拉選單，選擇 portal 角色，現在這個積木整體看起來就是 wait until touching portal。

5. 下一步，繼續加入控制類積木 broadcast，在下拉選單中選擇「New」，為這個新的 broadcast 積木取名為 Level。

 廣播（broadcast）積木的作用是在不同的腳本和舞台之間協調動作，能讓所有的腳本並行工作並保持舞台背景的同步。以本章遊戲為例，當探險家角色觸碰 portal 角色的時候，就會廣播出名為 Level 的訊息，這項訊息將會觸發控制背景的腳本，切換背景到洞穴內部。

加入舞台切換腳本

到目前為止，我們已經建立好 portal，一旦探險家接觸它，就會發出廣播訊息，但是仍然尚未解決舞台場景切換的問題，還需要再加入腳本，對 portal 發出的廣播訊息進行回應，進而切換舞台場景。

下面步驟詳細描述如何加入切換舞台背景的腳本：

1. 在角色控制面板中，點選「舞台（Stage）」圖示，然後在腳本（Scripts）標籤裡加入新的 when 🚩 clicked 積木，接著加入視角（Looks）類型的 switch to background 積木，在 switch to background 積木的下拉選單中選擇 Outside。請再次確認你已經把不同位置的舞台標記為 Inside 和 Outside。

2. 接下來加入另一個控制類型積木，但是這一次使用 when I receive，並且在下拉選單中選擇 Level 項目。加入視角類型的 switch to background 積木，在下拉選單中選擇 Inside 選項，如圖 3-19 所示。儲存到現在為止完成的專案部分，測試是否能正常運作。

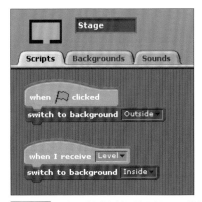

圖 3-19　使用廣播機制切換選擇不同的舞台背景

3. 無論什麼時候，當你想要為角色或舞台建立複雜的腳本時，最好先測試，確認它是可行的。點選綠色小旗，配合鍵盤的按鍵，操控探險家抵達洞穴入口，看看會發生什麼事！

4. 你也許會發現探險家並沒有被放置在洞穴內場景的入口處，修改作法很簡單，直接拖拉探險家角色到你想要的位置，讓它位於室內場景開始的地方，再查看該處的 x 和 y 座標值（見圖 3-20）。在廣播積木後方加入 go to x:0 y:0 動作積木，填入新的座標值。

圖 3-20　設定探險家在新場景中的初始位置

建立魔法鑰匙來脫離洞穴並獲得更多的生命值

與其再建立類似於 portal 的角色，來移動到新場景或新關卡，為什麼不考慮引進新角色，使其行為如同魔法物品？

下面步驟詳細介紹如何辦到：

1. 使用角色控制面板，點選「Choose New Sprite From File（從檔中選擇一個新的角色）」，在 Things 資料夾中選擇「Key1」，點選角色的名字框，重新命名為 key。

2. 就像剛剛那個讓探險家進入洞穴的角色一樣，這個腳本也需要使用 wait until touching 積木，還需要新的廣播訊息，請命名為 new_level。這時，角色 key 會等到探險家接觸它，就會被觸發，如圖 3-21 所示。

3. 要想讓廣播積木發出 new_level 訊息後，改變探險家的位置，還需要為舞台加入新腳本，主要任務是切換背景到室外場景。在角色控制面板中點選「舞台（Stage）」圖示，根據之前「加入舞台切換腳本」所學到的知識，編輯腳本內容，新腳本應該是「When I receive new_level, switch to background Outside」。

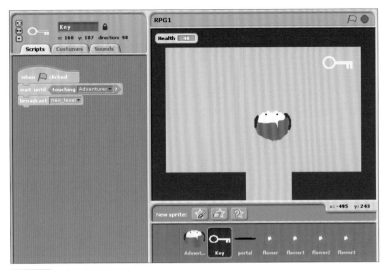

圖 3-21　魔法鑰匙的腳本

為了提高趣味性，你可以使用視角類積木，讓 key 在被觸碰的時候發出聲音，或者使用變數，增加探險家的生命值。請嘗試增加這些積木到你的腳本程式裡，如果需要提示，可以參考圖 3-22。

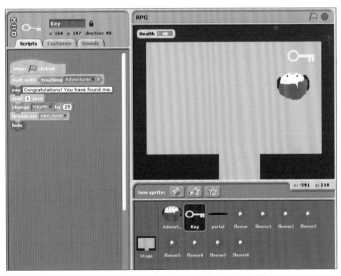

圖 3-22　增強後的魔法鑰匙腳本，加入挑戰所描述的積木

使用「if」條件判斷來顯示 / 隱藏角色

現在，遊戲開始後，之前新增加的角色，例如：protal 角色，在場景切換之後依然看得見，嘿！這會讓玩家不解，造成混淆啊，我們希望 portal 角色只顯示在第一個室外場景，而 key 角色只顯示在第二個室內場景。接下來，我們將要介紹 if…else 積木來處理這個問題。

If 和 If…else 條件判斷式，是電腦程式中常用的流程結構。當你使用 if 條件判斷的時候，只需要在條件滿足時執行一些操作動作就可以了。例如：如果下雨了，執行打傘的動作。另外也可以加入條件不滿足時的執行動作，由 else 部分負責。例如：如果下雨，執行打傘的動作，否則執行戴太陽眼鏡的動作。

下面步驟詳述如何建立腳本，讓 portal 角色只出現在第一個場景中，也就是洞穴之外，其他時間都是隱藏的。

1. 在 portal 角色的腳本編輯框中，加入新的 when ▶ clicked 積木，其下方再加入 forever 積木。

2. 接下來，加入控制類型的積木 if else，放到上一步的 forever 迴圈中，然後從運算子類型積木裡，拖出 0 = 0 積木到 if 積木中的六邊形區域（參考圖 3-23）。

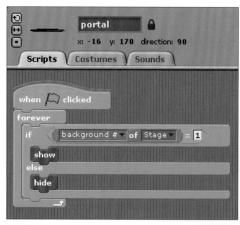

图 3-23　在 Scratch 中用 if else 積木來達到隱藏和顯示的目的

3. 在感應類型積木中找到 of，放置在 0 = 0 積木中第一個 0 的位置，再把第二個 0 改成數值 1。

4. 使用 of 積木的下拉選單，把第一個值改為 background #，第二個則改為 stage。

5. 最後，加入視角類型積木 show，放在 if 積木下面；加入 hide 積木，放在 else 積木下面。儲存並測試你的腳本。

挑戰

同樣的問題，對於 key 角色而言，只應讓它出現在第二個場景中，而在第一個場景中應保持隱藏狀態。您想到什麼樣的解決方案呢？嘗試自己修改腳本實現吧！

3.5.6 建立會竊取生命值的角色

現在，探險家已經可以在舞台上移動，在不同的場景裡移動，但是到目前為止，仍是一款非常簡單的遊戲，玩家可能會由於遊戲太快終結而感到無聊，我們可以增加能夠降低探險家生命值的障礙物，提高從初始位置到洞穴門口的難度。

詳細步驟如下：

1. 點選「Paint New Sprite」建立新角色，新角色是個障礙物，能夠提高探險家到達洞穴入口的難度。請使用塗鴉工具繪製花朵作為新角色的外貌，然後命名為 flower。

2. 接下來，在角色控制面板中選擇 flower，在腳本編輯框裡加入新的 when 🏳 clicked 積木。

3. 這個障礙物應持續不斷地對探險家構成威脅，所以必須能夠不斷移動。為了做到這一點，可以加入 forever if 積木，這時候的判斷條件應該是「如果探險家碰到花朵，則減去一些生命值」。加入感應（Sensing）類型的積木 touching。圖 3-24 秀出完成後的積木程式。

圖 3-24 能夠減少生命值的角色腳本

4. 在 **forever if** 積木中加入變數積木 **change health by 0** 到 **forever** 迴圈中，將變數值設為 0 至 -10 之間，代表探險家每次會減少的生命值。

5. 完成上一步後，在它下面加入視角（Looks）類型的積木 **say ouch! for 2 secs**。

6. 記得要加入 **if else** 積木，在探險家進入洞穴後，應隱藏花朵。最後儲存並測試程式。

不要忘記加入隱藏花朵的腳本，當探險家進入洞穴後，應該隱藏花朵角色。當你完成了上述腳本功能之後，可以仿照花朵角色的形式，加入更多的障礙物，讓遊戲變得更有趣。在角色控制面板中，以右鍵點選花朵角色，從彈出的選單裡選擇「Duplicate」，就可以複製花朵角色，請隨你的意思自由地增加障礙物。

3.5.7 使用if積木讓探險家角色的移動更加準確

玩家藉由鍵盤的按鍵、操控探險家的移動狀態，但這種情況只在第一個室外場景運作良好，因為那裡沒有牆壁。進入洞穴後，就會出現穿越牆壁的問題，此時我們可以再加入另外的 **if** 條件判斷，防止發生穿牆情況。詳細步驟如下，介紹如何使用額外的 **if** 條件判斷來實現該功能：

1. 點選探險家角色，找到使用鍵盤控制移動的四個腳本程式積木（參考圖 3-17）。

2. 在其中的一個腳本積木裡，加入控制類型的積木 **if**，放在 **forever if** 迴圈下面、**point in direction 90** 積木之上的位置。

3. 加入感應類型積木 **touching color** 積木，放在 **if** 積木空白的六邊形區域。點選正方形的顏色框，選擇牆壁的顏色，游標會變成一個小水滴，你可以用它來選取牆壁、得到真實的顏色。

4. 接下來加入動作類型積木 **move 0 steps**，放在 **if** 迴圈裡，並且把步數設定為 -20，新腳本如圖 3-25 所示。

5. 依此類推，請完成剩下三個按鍵腳本積木的修改任務。不要忘記存檔並測試你的腳本。

圖 3-25　完成修改方向鍵「右」的腳本

3.5.8　建立遊戲結束畫面

　　一般典型的單機遊戲，在玩家失去全部生命值之後就會結束，通常會顯示 Game Over 畫面。下面步驟詳細介紹如何建立遊戲結束畫面：

1. 首先需要加入新的遊戲結束背景到舞台裡。你可以自己繪製，或是選用現有的背景圖片再修改，最後在圖片裡寫上 Game Over 等大字（見圖 3-26）。

圖 3-26　在 Scratch 中建立遊戲結束畫面

2. 接下來為探險家角色加入其他腳本。在角色控制面板中，點選探險家，然後在腳本編輯框裡加入新的 when 🏴 clicked 積木。

3. 在其下面放入 forever 迴圈，在 forever 迴圈中加入 if 條件判斷。

4. 拖拉運算子（Operators）類型的 0 < 0 積木，放在 if 積木的空白六邊形裡，加入變數 health 到 < 符號的左邊，在 < 符號右邊輸入值 0.1。

5. 加入控制類型積木 broadcast，並建立新的廣播訊息，取名為 Game Over。

這段腳本的功能可以總結為：當探險家的生命值低於 0.1 的時候，遊戲結束的廣播訊息，會通知所有腳本程式和舞台，因此，舞台需要加入下面的腳本程式，以便在接收到遊戲結束的廣播訊息後，停止遊戲。

```
When I receive 'Game Over'
Switch to background 'Game Over'
Stop ALL
```

Stop All 會終止 Scratch 所有執行中的腳本，結束遊戲。

請存檔，執行程式查看它的運作情形是否如同預期，如果未能達到預期效果，再次檢查程式，修正錯誤。

3.5.9 提升遊戲體驗的建議

現在，讀者已經學會如何使用 Scratch，你也許想繼續提升遊戲的遊玩體驗。下面列出一些額外的注意事項，幫助你繼續改進本章範例遊戲：

- 嘗試在遊戲中加入一些隨機事件。
- 增加音樂和音效，這麼做可讓玩家更加興奮。
- 建立可以和探險家互動的角色。
- 使用 MaKey MaKey 創作套件，為你的遊戲製作控制器。你可以在 MaKey MaKey 官方網站瀏覽更多相關資訊，也可下訂單購買，官方網站的網址是：www.makeymakey.com。

若想要取得完整的 Scratch 手冊，可以到下面網址下載：http://download.scratch.mit.edu/ScratchReferenceGuide14.pdf。

Scratch 指令快速參考表

指令	描述
控制積木（Control Blocks）	
broadcast x	可以向所有腳本和舞台廣播資訊，常用來統一協調複雜多樣的腳本程式和舞台
forever	無條件重複該塊積木內的腳本程式
forever if	有條件的重複該積木內的腳本程式
if...else	如果判斷條件為真，執行 if 下面的腳本程式，反之執行 else 下的腳本程式
repeat x	重複某動作 x 次
stop all	停止所有角色的所有腳本
wait x secs	等待 x 秒後執行下面的腳本
when 🏳 clicked	當綠色小旗被按下的時候，開始執行程式
when I receive x	在收到訊息 x 後，開始執行程式
when x key pressed	當 x 按鍵被按下時，開始執行程式
動作積木（Motion Blocks）	
change x by _	改變角色在舞台上 x 軸座標的位置
change y by_	改變角色在舞台上 y 軸座標的位置
go to x:_ y:_	移動角色到 x,y 座標的位置
if on edge, bounce	當角色觸碰舞台邊緣後改成相反的方向
move x steps	角色向前或向後移動 x 步
point in direction x	讓角色面向角度 x
point toward x	讓角色往另一個角色或游標
set x to _	設定角色在舞台上 x 軸座標的位置
set y to _	設定角色在舞台上 y 軸座標的位置
turn (clockwise) x degrees	讓角色（順時鐘）旋轉 x 度
turn (anti-clockwise) x degrees	讓角色（逆時鐘）旋轉 x 度
視角積木（Looks Blocks）	
change size by x	改變角色的尺寸大小
hide	隱藏角色
next costume	讓角色的造型變成列表中的下一個造型
say xxx	顯示角色說話氣泡，內容為 xxx
set size to x	將角色的尺寸設定為原尺寸的 x%
show	顯示角色
switch to background x	切換舞台背景
switch to costume x	改變角色的造型
think xxx	顯示角色的思考氣泡，內容為 xxx
變數積木（Variables Blocks）	
Change variable by x	改變變數的值 x

Scratch 指令快速參考表

指令	描述
Make a variable	建立新變數
Set variable to x	設定變數的值為 x
感應積木（Sensing Blocks）	
key x pressed	如果 x 按鍵被按下，則條件為真
touching color x	如果接觸到顏色 x，則條件為真
touching x	如果碰到 x，則條件為真

解鎖成就：你已經能夠使用 Scratch 撰寫程式！

關於下一個冒險…

在冒險 4 中，你將學習如何使用 Turtle Graphics 撰寫程式繪製圖形，在前半部分將會使用 Scratch，後半部分則使用 Python 程式語言，還會介紹 Python 的程式開發環境，以及能夠讓你繪製圖形的指令。

Adventure 4
撰寫Turtle Graphics程式繪製圖形

　　設想你可以拿起一隻小烏龜，尾巴蘸墨水，然後放在紙上，當烏龜在紙張上爬行一段時間後，就可以看到尾巴繪製留下的圖案，可能是條螺旋線、五邊形或是抽象的格線。在接下來的冒險旅程中，將會介紹全新的繪圖方式─使用程式來繪製圖形。

　　我們將會使用名叫 Turtle Graphics 的模組，允許你使用指令來移動螢幕上的游標（想像成小烏龜），圖 4-1 就是以程式繪製的圖案。移動游標的動作，會像運筆一樣留下帶有顏色的痕跡，這就意味著，我們可以藉由撰寫程式，讓電腦繪製圖形。

　　Turtle Graphics 原本是 LOGO 語言（邏輯導向式圖形化程式語言）的特殊功能，主要用於教導孩童使用一系列的邏輯程序來操縱游標進行繪畫，後來 LOGO 成為電腦教學領域非常流行的語言，常用於學習邏輯和程序的執行思維。Scratch 和 Python 都含有 Turtle 模組，可用來創作圖形、繪畫和圖案。

　　在這次冒險中，將會出現許多電腦程式概念，之前章節已曾介紹過，如程序、變數、迴圈等，接下來會介紹如何在 Raspberry Pi 上使用 Scratch 和 Python 繪製圖形和螺旋線。

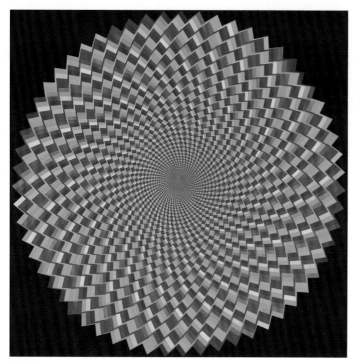

圖 4-1　在 Raspberry Pi 上以程式繪製的圖案

4.1　Scratch與Turtle Graphics

在這個小節裡，你將會學習如何在 Scratch 中使用 Turtle Graphics 的基本功能，藉由撰寫腳本程式，讓任何你喜歡的角色轉變成畫筆，然後用畫筆在舞台上繪製各種線條與圖形。

這裡有個可供參考的 Scratch 影片，請到資源網站 www.wiley.com/go/adventuresinrp2E，點選 Videos 標籤，選擇 ScratchShapes 檔。

4.1.1　下筆和提筆

pen down（下筆）和 pen up（提筆）的積木，分別可用來控制角色開始與停止繪畫，如同你持畫筆放到紙上畫一條直線，然後拿起筆遠離紙張。

你可以使用任何一種形狀來代替下面範例專案中所用的小烏龜畫筆，畫筆不必看起來是隻烏龜才行，其實 Scratch 的角色庫中並沒有小烏龜圖片，但是如果你喜歡的話，可以用塗鴉編輯器（Paint Editor）自行建立。

在本小節中，我們會使用 Scratch 來繪製一些圖形和螺旋線，將需要很大的舞台空間，有時候小烏龜會跑出螢幕，讓畫面變得凌亂，請點選舞台區域右上角的「切換為全舞台（Switch to Full Stage）」圖示，確保擁有足夠的空間。

1. 如同冒險 3 所學會的作法，請從主選單中的 Programming 子選單，啟動 Scratch。Scratch 啟動後，點選舞台右上角的「切換為全舞台（Switch to Full Stage）」圖示把舞台最大化。

2. 你可以使用預設的 Scratch 貓當作「小烏龜」（畫筆游標），然而你會發現，俯視的視角會比現在的視角更容易控制角色的方向。請到角色控制面板中以右鍵點選 Scratch 貓，從選單中選擇刪除，接下來點選「匯入新角色（Import New Sprite）」，從 Animals 目錄裡選擇 Cat2。請參照冒險 3 的圖 3-3，可幫助你回憶起 Scratch 的操作介面。

請記住，在 Turtle Graphics 中用於控制游標的角色，一般會被叫做小烏龜（turtle），即使其外觀看起來可能是隻貓、人或其他事物。

3. 還記得嗎，若想開始執行 Scratch 的腳本，一定需要觸發器，所以請加入新的 when 🚩 clicked 積木到小烏龜角色的腳本編輯框中。

4. 下一步，從工具筆（Pen）類型，加入 pen down（下筆）積木到腳本編輯框中，這麼做可開始繪圖程序。

5. 加入動作（Motion）類型的 Move 0 step 積木，並且把值改為 100。

6. 最後加入 pen up（提筆）積木，完成直線的繪製，結果請見圖 4-2。

7. 選擇「檔案（File）→儲存（Save）」來存檔。

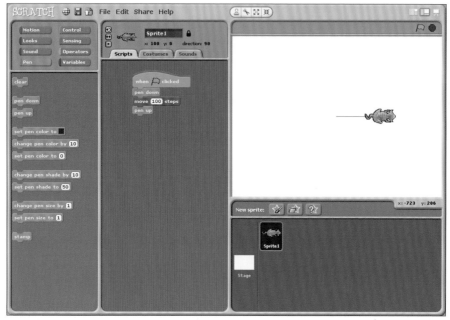

圖 4-2 在 Scratch 中使用 pen down（下筆）和 pen up（提筆）繪製直線

挑戰

怎麼修改腳本讓「小烏龜」轉變方向，然後再畫一條直線呢？ Pen up 積木在這個腳本中有何作用呢？

4.1.2　繪製簡單圖形

下面步驟是以之前寫好的腳本程式為基礎，試著繪製五邊形：

1. 加入動作類型的 turn 15 degrees 積木，放到 move 100 steps 積木下面，並把變數值從 15 改成 72。

2. 到目前為止，這個腳本程式只能繪製五邊形的一個邊，你還需要再加入五個 move 和 turn 積木，放到腳本編輯區，或者使用迴圈來實現這個功能，另外也可以使用迭代（iterate）積木，讓第一步的積木重複執行 5 次。在 pen down 積木下新增一個控制積木 repeat，用於存放動作積木，並將值變更為 5（見圖 4-3）。

3. 點選綠色小旗，測試你的小烏龜是否能繪製出五邊形。

4. 選擇「檔案（File）→儲存（Save）」來存檔。

小烏龜（游標畫筆）無論向左還是向右都可以旋轉 360 度，善用這個特性，可以幫助你繪製任何形狀。譬如若想畫個正方形，那麼只要把角度改成 90 就行了；若想畫八邊形，只要把旋轉值改為每一次操作所需角度即可。

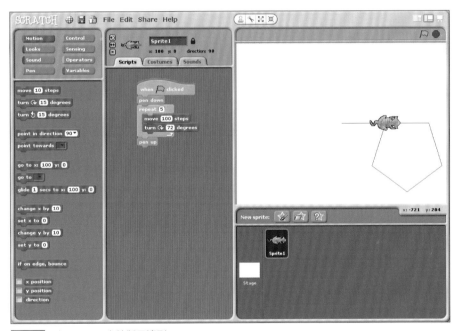

圖 4-3 在 Scratch 中繪製五邊形

挑戰

如果把 step 和 degree 都改成 1，然後把重複執行的次數改為 360 次，你覺得小烏龜會畫出何種圖形呢？

現在你已經成功繪製五邊形，請想一想如何才能繪製出六邊形、八邊形呢？

4.1.3　清除螢幕和設定起始點

有些讀者也許注意到了，每一次點選 🏴 按鈕的時候，上次繪製的圖形仍然殘留在舞台上，看起來會令人覺得這次腳本程式的執行結果並未成功。請到工具筆（Pen）類型中找到 clear 積木，放到 when 🏴 clicked 積木的下方，如圖 4-4 所示，這個積木可以告知 Scratch 移除之前繪製的圖形，確保在每一次執行程式的時候，都會先淨空舞台。

你還可能注意到另一個問題，也就是每次開始繪畫的時候，小烏龜的位置總是停在上一次結束時的位置，可能會影響這次的繪畫工作。為了避免繪製的圖案超出舞台或距離邊緣過近，請到動作（Motion）類型中找出 go to x: 0 y: 0 積木，加入放到 when 🏴 clicked 積木下方。如果您忘記確切的操作動作，可以參考冒險 3 最後一部分的內容。要記住的是，Scratch 使用 x 和 y 座標來設定舞台中的位置，x: 0 y: 0 座標代表位於舞台正中間。同理，你還可以設定小烏龜初始的角度，在動作（Motion）類型找出 point in direction 90 積木，放到設定初始位置積木的下方。圖 4-4 秀出加入這些積木後的樣子。

4.1.4　使用變數代替值

程式中，如果你想多次使用某個值，那麼就該讓它成為變數（variables），才是合理的作法。在之前繪製五邊形的過程中，我們使用固定值來控制邊長（如 100 步）、角度（72 度）和邊數（重複 5 次）。接下來，你將學習如何使用變數代替固定值，這麼一來，之後想繪製相似圖形時，就會變得更加簡單。

1. 在積木面板中，點選「變數（Variable）」類型，然後點選「Make a Variable（建立變數）」。總共需要三個變數，分別是 Number_Sides、Angle 和 Side_Length。

2. 拖拉三個變數積木到腳本編輯框中，把 Number_Sides 設為 5，Angle 設為 72，Side_Length 設為 100。

3. 在這三個變數積木下面，加入繪製形狀的腳本，但是請記得，要把之前設的值替換成變數積木，並讓不同的變數積木對應到不同的變數，如圖 4-4 所示。

4. 現在你已經開始使用變數，不用再去計算旋轉的角度。取而代之的是，現在可以藉由邊數的數量平分 360 來取得每次旋轉的角度。從運算子（Operators）類型中拖出 0/0 積木，取代 72 的位置，接著在這個積木的左邊輸入 360，右邊則拖入 Number_Sides 變數模組。

5. 如果把邊數改成 6，腳本就會繪製六邊形；如果改成 4，腳本就會繪製正方形，依此類推。

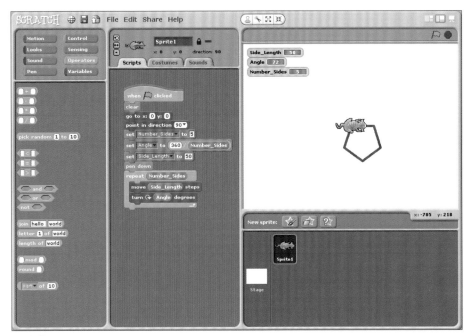

圖 4-4 在 Scratch 中使用變數代替固定值

4.1.5 改變筆觸的粗細和顏色

為了讓你的圖畫作品看起來更加豐富有趣，還可以改變筆觸的粗細和顏色。下面步驟介紹如何達成：

1. 在工具筆（Pen）類型中、找出 set pen color to 積木，放到五邊形腳本程式的 point in direction 90 積木的後面、repeat 的前面。

2. 點選帶有顏色的小方塊，使用吸管選取你喜歡的顏色。

3. 也可以使用 set pen size to 積木來改變筆觸的粗細，也就是大小。值設定得越大，筆觸越重，線條越粗。加入這個積木，放到 set pen size to 積木的下方、repeat 模組的上方，然後把筆觸值改為 5。

4. 點選綠色小旗執行腳本程式。圖 4-5 顯示了執行後的結果。

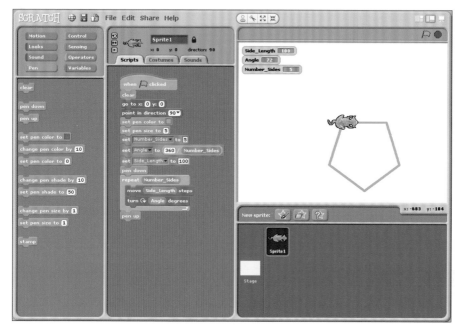

圖 4-5　在 Scratch 中設定筆觸的粗細和顏色

4.1.6　創作螺旋線圖案

　　熟練掌握如何繪製單一圖形後，讓我們開始思考如何讓這些單一圖形重複地疊加，創作出螺旋線圖案。

　　請在五邊形繪製腳本中，加入 repeat 積木和 turn degrees 積木，使其看起來像是圖 4-6 的腳本程式。

　　為了使螺旋線更加絢麗，可以加入 change pen shade by 10 積木到 turn 15 degrees 積木的下方；這樣一來，在每次繪製完成五邊形之後，就會改變畫筆的顏色。圖 4-7 秀出最終腳本和執行後的結果。

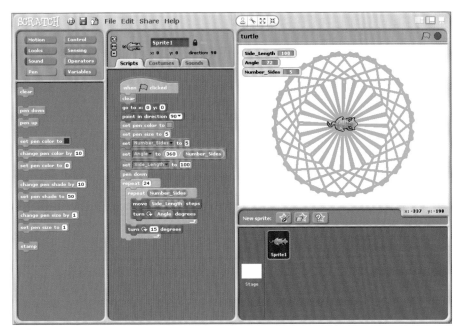

圖 4-6　建立重複繪製五邊形的腳本

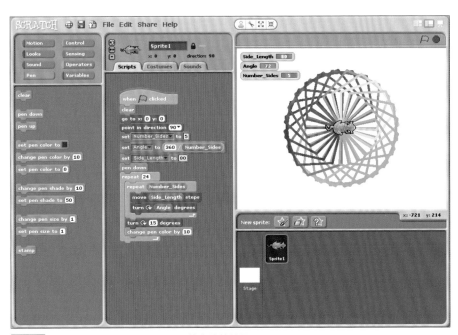

圖 4-7　加入 change pen shade by 10 積木後的結果

4.1.7　使用鍵盤輸入功能讓使用者決定邊的數量

如果程式能夠和使用者進行互動，那不是更棒、更有趣嗎？此小節的內容正是要介紹如何與使用者進行互動。在小烏龜繪圖腳本中，可以詢問使用者來取得輸入值，讓這個值代表將要繪製的螺旋線的邊數。

1. 在 point 積木後面、設定變數之前，加入感應（Sensing）類型的 ask What's your name? And wait 積木。

2. 把該模組中的問題，替換成「How many sides would you like your shape to have（你想要讓圖形擁有幾邊？）」。

3. 加入感應（Sensing）類型中的 answer 積木，放到 set Number_Sides 積木中 to 的右邊。此時腳本程式看起來應該和圖 4-8 一樣。

4. 現在可以開始執行腳本程式，在小烏龜開始繪畫之前，會先詢問你想要多少條邊。

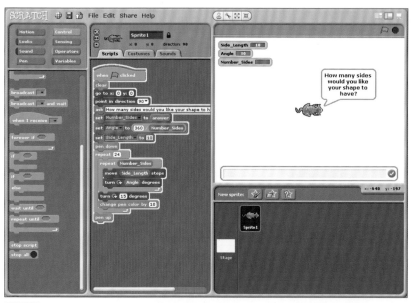

圖 4-8　在 Scratch 中，在小烏龜描畫螺旋線的腳本裡，加入使用者輸入的部分

4.2　Python與Turtle Graphics

這一小節中，將要很簡單扼要地嘗鮮 Python 程式語言，Python 和 Scratch 一樣，也包含 turtle 模組，讓你可以如同 Scratch 一樣繪製圖案，但在這部分的教材裡，則會介紹 Python 的 turtle 模組來繪製圖案，藉此機會學習如何撰寫 Python 程式。

在冒險 5 中，將會介紹更多關於 Python 程式語言的知識，包括 IDLE 程式開發環境、Python 中的函式和模組。但在這次冒險中，請您跟著教材的指示一步步操作，體會一下 Scratch 的圖形化腳本積木如何對應到 Python 的程式碼。

 這裡有個可供參考的使用 Python 輸入指令的影片，請到資源網站 www.wiley.com/go/adventuresinrp2E，點選 Videos 標籤，選擇 PythonIntro 檔。

4.2.1　介紹Python模組

關於程式設計，你學得越多，就會發現大部分程式都含有許多重複或相似的部分，為了避免每次都要一再地費力撰寫，許多程式語言提供可以重複使用的程式區塊，這些程式區塊就叫做模組（modeles；有些語言也稱為程式庫）。Python 擁有各式各樣的模組，供使用者重複使用。關於模組的進一步詳情，冒險 5 將深入介紹。

在這次冒險中，我們要使用 Python 的 **turtle** 模組來繪製圖形。

4.2.2　IDLE程式開發環境和直譯器視窗

若想使用 Python 程式語言，你需要打開 IDLE 3 程式開發環境，從主選單中的 Programing 子選單選擇「Python 3」，如圖 4-9 所示，啟動 IDLE 3。

出現 IDLE 3 視窗後，你可以直接在裡頭的提示字元後面輸入程式，提示字元的樣子是「>>>」。每輸入一行程式碼，按下 Enter 鍵就可以執行。你所操作的這個視窗叫做直譯器（Interpreter），或稱為介殼（shell），每當你輸入一行程式碼，它就會解析該行程式並執行。

在關於下一個冒險中，將會介紹更多關於 IDLE 和 IDLE 3 程式開發環境的詳情。

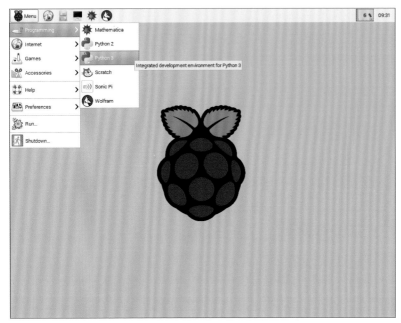

圖 4-9 從 Raspberry Pi 主選單開啟 IDLE 3

4.2.3 在Python中使用Turtle模組

在這項範例專案的第一部分，你將要使用 IDLE 3 的直譯器來匯入 turtle 模組，然後撰寫程式來繪製圖形。

1. 使用 Python 關鍵字 **import** 匯入外部模組，請到 IDLE 3 視窗中的「>>>」提示字元後，輸入下列程式碼來匯入 turtle 模組：

```
import turtle
```

現在，請按下 Enter 鍵，得到新的提示字元。

2. 在新的提示字元後面，輸入下列程式碼，然後按 Enter 鍵。

```
alex = turtle.Turtle()
```

這行程式的作用是開啟 Turtle Graphics 的圖形視窗，視窗中間有個小游標。在 Python 中，這個小游標代表的意思就是小烏龜，它移動時就會為你繪製出圖形。

「=」符號在 Python 中的作用是讓左邊名稱指向右邊的部分，想要撰寫大量程式時，這麼做會讓事情更加容易，輕鬆指出你想要的東西。我使用 alex 作為名稱，但你可以使用任何你喜歡的名稱。

如果你的游標形狀不是小烏龜，可以參考下面的程式，把游標改成小烏龜形狀（見圖 4-10）：

```
alex.shape("turtle")
```

3. 如同 Scratch 時的作法，我們可以藉由移動游標多次和旋轉多次，便可繪製出五邊形。請輸入下列程式，在每行結尾按下 Enter 鍵。

```
alex.forward(100)
alex.left(72)
```

執行 Python 程式時，所繪製的圖形將會出現在另一個視窗。有時候這個視窗會和直譯器視窗重疊，或是你僅僅能看到一部分白色畫面，而不是所繪製的圖案，為了避開此問題，請移動輸入程式的視窗，讓該視窗和秀出結果的視窗分別排在螢幕的兩邊（參考圖 4-10）。

上面輸入的程式碼，作用是告訴這隻小烏龜，向前走 100 步，然後向左旋轉 72 度。如果你需要繪製五邊形，試想一下應該需要輸入這兩行程式多少次。繼續重複這兩行程式，直到成功繪製出五邊形。圖 4-10 顯示最終的程式碼和繪製結果。

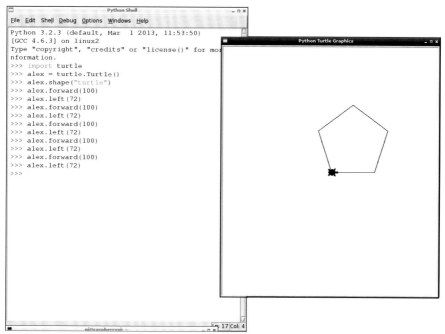

圖 4-10　使用 Python 的 Turtle 模組來繪製五邊形

現在我們碰到一個問題，就是無法儲存剛剛輸入的程式，因為是直接在直譯器裡輸入程式，雖然這麼做可以迅速地看到結果。在接下來的小節裡，我們將會在文字編輯器裡輸入繪製圖形所需要的程式碼，然後就能儲存程式成為原始碼檔案。

 你可學習更多關於 Turtle Graphics 和 Python，請到資源網站 www.wiley.com/go/adventuresinrp2E，點選 Videos 標籤，選擇 PythonTurtleShapes 檔。

使用文字編輯器

當你開始編輯程式、繪製更為複雜的圖形時，在直譯器視窗裡逐行輸入程式並查看結果的作法，將會變得非常煩人，若能在執行之前，先把程式碼全部輸入到文字檔案，這麼做更為合理，做法是使用 IDLE。

點選直譯器頂部選單的「檔案（File）→新增（New）」，開啟文字編輯器，把前面步驟一行一行輸入到直譯器的程式，全部輸入到這個文字檔案，然後存檔、放到 Documents 目錄下面，命名為 FirstTurtle.py（見圖 4-11）。之後，請點選文字編輯器選單中的「執行（Run）→執行模組（Run Module）」來執行剛剛輸入的程式。

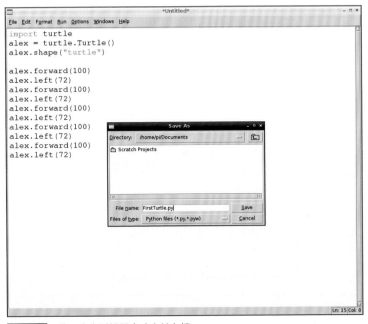

圖 4-11 使用文字編輯器來建立並存檔

在這次冒險中，之後都要使用文字編輯器來撰寫程式。

使用 for 迴圈和串列

到目前為止，你所撰寫 Python 程式，是藉著重複冗長的好幾行程式碼，方能繪製出五邊形的五條邊。重複執行某一段程式碼的行為，在電腦科學中非常常見，我們可以把這些程式碼放進迴圈中，然後讓迴圈（looping）執行五次，如此一來，便能以更加有效率的方式來繪製這幅圖形。之前介紹 Scratch 時，你已經用過迴圈了，例如：使用 forever 積木重複執行某個動作，如同在冒險 3 所學到的，迴圈重複執行行為的每一次，我們稱之為迭代一次。

現在，你一定想使用迴圈來取代重複的程式。在 Scratch 中，我們使用 repeat 或 forever 積木，來實現迴圈重複執行的功能，而在 Python 裡，則需要使用 for 迴圈。

讓我們開始練習迴圈，請打開新視窗，輸入下列程式碼，並儲存為 FirsTurtle2.py：

```python
import turtle
alex = turtle.Turtle()
alex.shape("turtle")
```

接下來，加上 for 迴圈：

```python
for i in [0,1,2,3,4,]:
    alex.forward(100)
    alex.left(72)
```

上面程式的意思是：「逐一取出串列中每個值，賦予給 i，然後執行裡頭的程式，移動 alex 前進 100 步，然後向左旋轉 72 度」，i 的值會從 0 到 4，也就是串列的元素值。

請輸入這些程式，完成後，點選「執行（Run）→執行模組（Run Module）」來執行程式。

每次 i 都會賦予成串列中的值，for 迴圈的部分就會重複執行 forward 和 left 動作，i 從 0 開始，串列中共有 5 個數字，所以該 for 迴圈總共會執行 5 次。Python 的串列，以方括號來表示；串列元素的索引編號從 0 開始起跳，而不是 1。如果你將 0,1,2,3 放進到串列，那麼最終只會完成五邊形的四條邊。同樣的，如果你在串列中放進 0,1,2,3,4,5，則會看到最終多畫了一條邊，有一條邊會重疊。請自行嘗試不同的串列，看看結果有什麼不同吧。

藉由善用迴圈來重複執行某段程式碼，我們就不必多寫好幾行的程式碼，在程式中運用迭代的概念，也會讓你看起來更像是個電腦科學家，更有專業形象。

串列能夠容納的元素，可不僅僅是數字或整數，例如：也可以放進改變畫筆色彩的資訊。

請參考下列內容，改進你的 Python 五邊形程式，請注意，在 color 的前面有個字母 a。

```
import turtle
alex = turtle.Turtle()
alex.shape("turtle")

for aColor in ["red", "blue", "yellow", "green", "purple"]:
    alex.color(aColor)
    alex.forward(100)
    alex.left(72)
```

命名檔案為 **FirstTurtle3.py**，儲存並執行。現在，你擁有色彩更加繽紛的五邊形囉，如圖 4-12 所示。

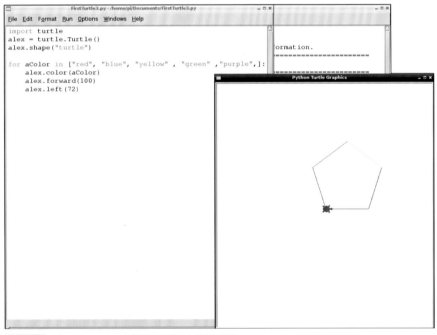

圖 4-12　在 Python 中使用迴圈和串列來繪製圖形

4.2.4 range功能介紹

剛才我們運用串列，讓 Python 程式可以重複地執行。使用串列是個非常常見的程式設計技巧，尤其是你需要讓某部分程式重複迭代很多次的時候，因為太常見了，所以 Python 提供內建函式（**function**）range，使用 **range** 便可取代之前的串列。

 函式（**function**）是程式區塊，可以讓你不斷地重複呼叫它。進一步詳情，將於冒險 5 深入介紹。

在文字編輯視窗裡，輸入下列程式碼，並儲存為 **FirstTurtle4.py**。輸入完成後，點選「執行（Run）→執行模組（Run Module）」來查看程式執行結果，如圖 4-13 所示。

```python
import turtle
alex = turtle.Turtle()
alex.shape("turtle")

for i in range(5):
    alex.forward(100)
    alex.left(72)
```

在這個程式碼裡，range 函式會建立由數字組成的串列，類似於之前使用過的 [0,1,2,3,4,]。

深入程式碼

 在 Python 程式中，程式碼指令的大小寫非常重要，如果亂用的話，會導致程式不正常或是出錯。你可能已經注意到了，在前面的例子中，絕大多數皆為小寫，除了為「alex」烏龜命名時，使用了一個大寫字母。在 alex = turtle.Turtle() 這一行中，第一個 turtle 是小寫（t），第二個 turtle 的首字母是大寫（T）。

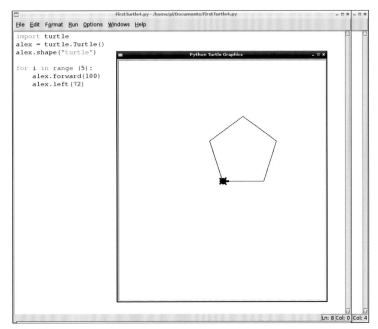

圖 4-13　在 Python 迴圈中使用 range 函式

4.2.5　其他Python Turtle模組介紹

熟練掌握 Python Turtle 模組的基本用法後，你已經能夠繪製出簡單的圖形，現在，請嘗試加上更多的程式，讓圖形更有趣。

下筆和提筆功能

Python 的 **Turtle** 模組如同 Scratch，一樣也有下筆與提筆的指令，這樣一來，就可以讓你的小烏龜在螢幕上移動而不留下痕跡，和你在紙張上用筆繪畫的過程是一樣的。下面程式示範如何運用下筆和提筆功能：

```
alex.pendown()
alex.forward(100)
alex.penup()
```

設定筆觸的粗細和顏色

使用 **.color** 可設定筆觸的顏色，如下面的程式所示：

```
alex.color("blue")
```

同樣的，使用 .pensize 可設定筆觸的粗細：

```
alex.pensize(5)
```

Stamping 功能

你可以使用 .stamp 讓小烏龜游標在螢幕上留下印記，例子如下：

```
alex.stamp()
```

可在圖 4-15 中看到印記的作用。

4.3　一些特別的螺旋線

現在，你可以將所學到的 Python Turtle 模組的用法，把程式指令混合在一起使用，創作出更加有意思的圖形。請輸入下面兩段的程式，新增檔案，輸入後並存檔，分別命名為 SpiralTurtle1.py（見圖 4-14）和 SpiralTurtle2.py（見圖 4-15）。請按照你的想法改變筆觸的顏色和粗細。

螺旋線烏龜

```
import turtle
alex = turtle.Turtle()
alex.color("darkgreen")
alex.pensize(5)
alex.shape("turtle")

print (range(5,100,2))
for size in range(5,100,2):
    alex.forward(size)
    alex.left(25)
```

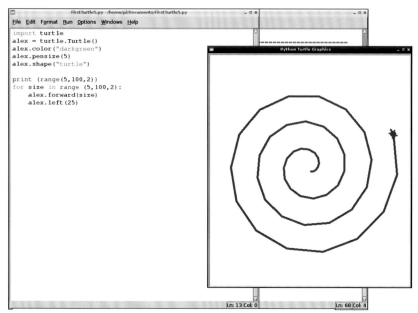

圖 4-14 使用 pensize 和 color 來創作 SpiralTurtle1.py

螺旋線烏龜印章

```
import turtle

alex = turtle.Turtle()

alex.color("brown")

alex.shape("turtle")


print (range(5,100,2))

alex.penup()

for size in range(5,100,2):

    alex.stamp()

    alex.forward(size)

    alex.left(25)
```

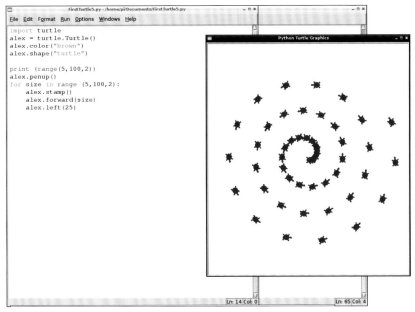

圖 4-15 使用 penup 和 stamp 來創作 SpiralTurtle2.py

4.4 進一步學習Python Turtle模組

如果你想要繼續使用 Python Turtle 創作各種美麗圖案，最好能詳細閱讀 Python Turtle 的線上說明文件，網址：http://docs.python.org/2/library/turtle.html。文件包含所有可供使用的 Python Turtle 指令與描述說明，為什麼不嘗試一下，看看你能創作出何種藝術作品呢？

Turtle Graphics 指令快速參考表

指令	描述
工具筆（Pen）模組（Scratch）	
change pen color by x	改變畫筆顏色
change pen shade by x	改變畫筆明暗度
clear	清除畫面（清除將舞台上殘留的痕跡）
pen down	下筆
pen up	提筆
set pen color to x	將畫筆顏色設為 x
set pen shade to x	將畫筆明暗度設為 x
set pen size x	將畫筆粗細設為 x
stamp	將游標形狀印在舞台上
Python 的 Turtle 模組	
import turtle	匯入 Python Turtle 模組，需要放在程式開頭處

Turtle Graphics 指令快速參考表

建立並命名為 "turtle"

alex = turtle.Turtle()	打開有游標的繪畫視窗，游標以小烏龜的樣貌出現，移動時可以留下痕跡

移動和繪畫

forward(x)	向前移動 x 步，小烏龜的頭代表前進的方向
left(x)	向左轉 x 度
right(x)	向右轉 x 度
stamp()	將游標形狀印在畫布上

畫筆狀態

pendown()	下筆
penup()	提筆
pensize(x)	設定畫筆的粗細

Turtle 狀態

shape("turtle")	改變游標的形狀，可選值為：arrow, turtle, circle, square, triangle, classic

顏色控制

color("brown")	設定畫筆顏色

其他指令

for	for 迴圈，一般用於想執行某段程式碼特定次數，例如：for i in [0, 1, 2, 3, 4,]
for i in range():	for 迴圈，使用 range() 函式來建立串列，一般用於次數較多的情況
range()	range() 函式可以建立含有連續整數元素的串列

解鎖成就：你能夠 Raspberry Pi 上繪製 Turtle 圖形！

關於下一個冒險⋯

在冒險 5 中，你將會學到更多關於 Python 程式語言的知識，在 Raspberry Pi 上開發各式各樣的程式。將會運用一些你已經學會的概念，例如：迴圈、條件判斷，但是也有許多新概念，例如：將要打造遊戲，詢問玩家、由玩家來決定遊戲的進行方式。

Adventure 5
Python程式設計

　　使用 Scratch 撰寫程式是件非常有趣的事情，但是當你能夠熟練地開發遊戲或圖形介面時，將會發現 Scratch 的限制非常大，很多功能難以實現。大多數電腦程式設計師都是採用文字形式的程式語言來撰寫開發電腦程式，包括遊戲、桌面應用軟體和行動裝置 App 等等，基於文字形式的程式語言，即使在剛開始時看起來非常複雜，但是在入門學習不久之後，你就會發現運用這些語言，更容易實現所需要的功能，寫出符合期望的程式碼。Python 程式語言，在全世界各地擁有數以百萬計的使用者，包括美國太空總署（NASA）、Google 公司和歐洲核子研究組織（CERN）都使用 Python 程式語言開發軟體。

　　在這次冒險中，你將會學到 Python 語言的諸多知識，幫助你在 Raspberry Pi 上撰寫 Python 程式。將會先以小程式作為範例，幫助你學習如何使用文字編輯器；然後再次深入有關於模組的二三事，以及如何運用模組達到各種目的，例如：如何取得使用者輸入、如何使用條件判斷。最後，將會把所學到的東西統合在一起，打造文字型冒險遊戲，遊玩該遊戲時，會詢問玩家許多問題，之後的走向則取決於玩家給的答案。

　　和使用圖形化程式開發介面的 Scratch 相比，雖然此處的程式開發形式看起來差異甚大，但有個好消息，你在學習 Scratch 時所學會的程式概念，同樣也適用於此處，即使兩者看起來非常不一樣。當你抵達這次冒險旅程的終點，就能夠在 Raspberry Pi 上寫一些簡單的 Python 程式！

在這個冒險中，如果對某些程式邏輯不太理解，可以試著使用 Scratch 來實現，這麼做的話，可以幫助你預見接下來將要發生的事情。

5.1 準備開始學習Python

Raspbian 的作業系統包含 Python 的程式開發環境 IDLE。這一節將介紹 Python 程式語言和程式開發環境，建立程式原始碼檔案並執行。

5.1.1 Python程式語言

Raspberry Pi 的作業系統 Raspbian，已經預設安裝文字形式的程式語言—Python。Raspberry Pi 名稱中的「Pi」，也是源自這個程式語言，算是一種肯定，其背後的意義是：Python 極其容易上手，適合作為教學語言，Python 在世界各地廣受歡迎，非常流行。

撰寫 Python 程式的時候，我們會使用 IDLE 程式開發環境，或稱為整合式開發環境，英文是 **Intergrated Development Environment**（IDE）。

IDE（或稱整合式開發環境）是一套應用軟體，用於撰寫特定語言的程式，例如：Python。這套應用軟體既可以新增程式，也可以編輯，又可以進行除錯與執行。許多 IDE 還提供額外輔助功能，幫助程式設計師檢查臭蟲、修復錯誤。

5.1.2 IDLE程式開發環境

為了能夠在 Raspberry Pi 上使用 Python 語言撰寫程式，你需要 Python 語言的整合式開發環境，名為 IDLE。可以到主選單中，找到 Python 2 和 Python 3，如圖 5-1 所示。本書專案需要使用的版本是 Python 3，之前已經曾在冒險 4 的旅途過程中用過。就和英文一樣，Python 程式語言也是不斷地進化，所以在這次冒險中，你所學到的某些指令，在老舊版本的 Python 2 IDLE 裡無法使用。

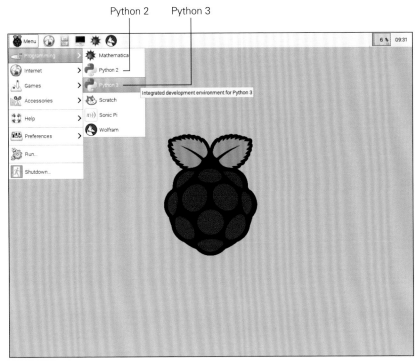

圖 5-1　在 Raspberry Pi 的主選單裡，同時包含了 IDLE（Python 2）和 IDLE 3（Python 3）程式開發環境

5.1.3　撰寫Python程式：使用函式

　　到主選單的 Programing 子選單中點選「Python 3」，開始撰寫 Python 程式。在本書中，我們使用 Python 3 而不是其他較早版本，較早版本的語法不同。執行 IDLE 3 後出現的視窗叫做 Python shell 或稱為命令列介面，由三個角括號組成的提示字元（>>>），提示你可以開始輸入程式碼，如圖 5-2 所示。

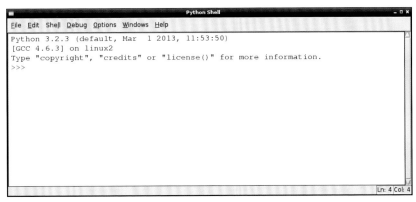

圖 5-2　Python 3 IDLE Shell 介面

第一個 Python 範例程式，只需要寫一行程式碼，使用某函式（函式是程式區塊，它告訴電腦一系列需要做的事情）。在這個範例程式中，使用 print() 函式來告訴電腦在螢幕上顯示一些文字，請在括弧內放進你想要顯示的字串（string），並將以雙引號包起來。

當程式碼越來越長，就會變得難以理解和編輯。所以如果可把程式分割成好幾個小段落，便更易於閱讀和編輯。

函式（function）就是個很好的例子，能夠把不同功能的程式段落包裝起來，函式定義完成之後，你可以在後續的程式中無限次地重複呼叫它。使用函式還有個好處，就是如果發生程式錯誤，只需要修復一處，而不是到各處逐一修正。

如同其他眾多程式語言，Python 已內建提供許多標準函式，電腦已經能夠理解這些函式，例如：剛才使用的 print() 函式，它的作用是在螢幕上印出文字。你也可以自己撰寫函式，本章結尾處將會介紹如何自行定義函式。

字串（string）是以文字的形式來表示資訊或資料，也就是一「串」文字。

語法、語法錯誤與程式除錯

語法（syntax）是一系列的程式檢查規則，檢查你的程式是否有效、合法。英文同樣也有一系列關於如何組合主詞、動詞和賓語等部分的規則。每一種程式語言都擁有自己獨特的語法，當程式出現錯誤時，將會出現語法錯誤（syntax error）的提示訊息。

發生語法錯誤時，程式的執行流程會直接中止，因為電腦無法理解發生錯誤的程式碼。在程式開發過程中，經常會出現此種語法錯誤，因為常常拼錯單字、或漏掉某字母。還有一種常見的語法錯誤，是在迴圈或條件判斷式的結尾忘記加上分號。

錯誤訊息通常會輸出到螢幕上，提示你問題所在，但是這些訊息資訊有時候難以理解。你可以在一段簡單的程式中，故意放入一些拼寫錯誤，看看 Python 會回應什麼樣的錯誤資訊。試試看漏掉一個引號或方括號，亦或者輸入錯誤的指令，看看 Python 會回給你何種錯誤提示資訊。

那麼，看到錯誤訊息時，該怎麼辦？除錯（debugging）是找出錯誤位置的過程，並且進行修復。當 Python 告知有語法錯誤，含有語法錯誤的那一行程式下面，會有個小游標，提示你錯誤可能源自於此。這時候需要再次仔細檢查程式，找出其中拼寫錯誤的單字或是漏掉了什麼字母，修復錯誤後再嘗試執行。

請把游標移動到 >>> 提示字元的後面，然後輸入下列程式：

```
print("I am an Adventurer")
```

按 Enter 鍵，觀察會發生什麼事，如圖 5-3 所示。

```
┌──────────────────────────────────── Python Shell ──────────────── _ □ X ┐
│ File  Edit  Shell  Debug  Options  Windows  Help                         │
├──────────────────────────────────────────────────────────────────────────┤
│ Python 3.2.3 (default, Jan 28 2013, 11:47:15)                            │
│ [GCC 4.6.3] on linux2                                                     │
│ Type "copyright", "credits" or "license()" for more information.          │
│ >>> print("I am an adventurer")                                          │
│ I am an adventurer                                                        │
│ >>> |                                                                     │
│                                                                           │
│                                                              Ln: 6 Col: 4 │
└──────────────────────────────────────────────────────────────────────────┘
```

圖 5-3 print() 函式的作用

當你按下 Enter 鍵後，Python Shell 就會開始解析程式碼。在這行程式中，你下的指令是讓螢幕上顯示引號中的字串內容。做得好！你已經使用 Python 程式語言寫出第一個電腦程式。

5.2 使用文字編輯器建立程式檔案

在冒險 4 中，我們曾使用 Python 的 **Turtle** 模組，那時你已經學會如何使用文字編輯器建立程式檔，在執行之前，先使用文字編輯器把所有程式碼輸入並儲存到文字檔中，這麼做很合理，之後便可以隨意修改。使用文字編輯器還有個好處，就是能夠以高亮度、不同顏色顯示 Python 程式中的關鍵字，把程式碼中不同類型的關鍵字以不同顏色標示，可讓程式更加容易閱讀。如果你使用像 nano 之類的命令列介面編輯器，將會覺得難以閱讀冗長的程式碼。在這次冒險的範例專案中，需要使用和冒險 4 一樣的 Python IDLE 3 的文字編輯器來撰寫程式。

在 Python 語言中，你可以建立串列來儲存資料，例如：以串列存放班上所有人的姓名，這麼一來，就能透過程式，使用這個串列來逐一向他們發送邀請函，或者以串列存放大家最喜歡的餐館清單，之後就能撰寫程式功能，在你需要聚餐的時候提示推薦餐館與建議。

下面的步驟示範如何使用文字編輯器來建立串列，將用於本章之後的冒險遊戲。在這項練習中，你將會建立新的程式檔案，然後輸入存貨清單，最後存檔。

VIDEO 視訊資料

這裡有個可供參考的影片，請到資源網站 www.wiley.com/go/adventuresinrp2E，點選 Videos 標籤，選擇 Inventory 檔。

1. 打開 Python 3，選擇「新視窗（New Window）」來打開尚未命名的文字檔案（見圖 5-4）。注意，此步驟是建立新的可編輯文字檔案，而不是 Python Shell 視窗，所以看不到指令提示字元。

2. 點選「檔案（File）→ 另存為（Save As）」，命名檔案為 Inventory，並存放在 Documents 目錄下面。如果現在打開 Documents 目錄，將會看到剛剛儲存的檔案，而且由 Python 在檔名末尾加上 .py，所以最終的檔名是 Inventory.py。

3. 在新檔案裡，輸入如下程式：

```
inventory = ["Torch", "Pencil", "Rubber Band", "Catapult"]
```

這段程式碼的作用是建立名為 inventory 的串列，每個字串或是文字資料，都以元素的形式存在這個串列中。

4. 在串列的下面，輸入如下程式：

```
print(inventory)
```

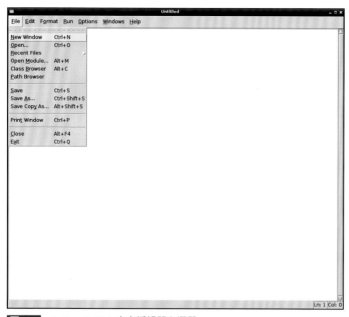

圖 5-4 Python 3 IDLE 文字編輯器和選單

5. 點選「檔案（File）→儲存（Save）」存檔，然後點選執行「（Run）→執行模組（Run Module）」來執行 Python 程式檔。你所建立的串列將會被列印到螢幕上，如圖 5-5 所示。

```
Inventory.py - /home/pi/Documents/Inventory.py                    _ □ ×
File  Edit  Format  Run  Options  Windows  Help

inventory = ["Torch", "Pencil", "Rubber band", "Catapult", "Rope"]

print(inventory)



                                                            Ln: 4 Col: 0
```

```
Python Shell                                                      _ □ ×
File  Edit  Shell  Debug  Options  Windows  Help
Python 3.2.3 (default, Mar  1 2013, 11:53:50)
[GCC 4.6.3] on linux2
Type "copyright", "credits" or "license()" for more information.
>>> ============================ RESTART ============================
>>>
['Torch', 'Pencil', 'Rubber band', 'Catapult', 'Rope']
>>> |

                                                            Ln: 7 Col: 4
```

圖 5-5　在 Python 中建立串列並使用 print() 函式印出其中內容

6. 現在，把最後一行程式改寫成下面的樣子：

```
print(inventory[3])
```

7. 點選「檔案（File）→儲存（Save）」，存檔並再次執行。

你的程式應該會在螢幕上印出 Catapult。請注意，在串列中，Catapult 不是第 3 個，而是第 4 個！為什麼我們輸入 3 卻輸出第 4 個呢？這是因為，Python 串列的索引計數從 0 開始起跳，也就是說，0 = Torch，1 = Pencil，2 = Rubber Band，3 = Catapult。

5.3　使用Python的時間和亂數模組

如同冒險 4 所介紹，Python 擁有許多模組，這些模組都是常常需要的程式集合，善加運用模組（modules），便可以避免重複撰寫相同的程式。例如：每當你想要從串列中隨機取出某個元素時，都需要寫一大段程式碼來實作亂數功能，但是只要使用別人已經寫好的函式或模組，便能節省大量開發時間。

想在 Python 程式中使用模組時，只需要寫上關鍵字 **import**，後面跟著模組的名字，就可以匯入該模組，匯入到你的 Python 程式中。

模組（**modules**）是可重複使用的 Python 程式碼集合體，含有特定功能的函式，可被單獨使用，也可以和其他模組結合使用。在此次的冒險中，我們使用 Python 的 time 時間模組，為程式增加間歇停頓的功能。

在這一小節中，將會運用 random（亂數）模組，從存貨串列中隨機選出某項目。

這個程式以你剛才完成的 Inventory.py 為基礎，然後著手進行修改，改成新的、具備互動能力的程式，允許使用者輸入，然後由電腦做出適當的回應。

撰寫程式的時候，最好加上註釋（**comments**）。註釋是說明程式和程式區塊的額外描述，每一行註釋都需要以#符號起頭，作用是告知 Python 在執行程式時、忽略註釋的內容。如果你的註釋跨越很多行，那就要在每一行的開頭都加上 # 符號，這樣才能讓 IDE 在執行時跳過那些內容。

為程式寫上註釋有很多好處，在你尚未完成程式功能之前，註釋可以幫助你記住程式的每一段有何作用。在學校課程中，你需要以註釋向老師解釋程式段落的功能。如果和其他人一起開發軟體，註釋可讓別人更輕易地瞭解你已經完成的工作。

1. 在開始寫程式之前，最好先寫註釋，說明後續程式碼的功能。請打開 Inventory.py，在程式頂部輸入下列內容：

   ```
   # Raspberry Pi 之 Python 冒險——存貨程式
   ```

   請注意：這段程式最前面的 #，意思是把那一行內容定義為程式註釋。

2. 下一步，使用 **import** 指令，匯入需要的 Python 模組，有兩個，即 **time** 和 **random** 模組。如果你喜歡，也可以為這兩行程式增加註釋，如下：

   ```
   # 所需模組 random 與 time

   import random
   import time
   ```

3. 在註釋和註釋說明的對象程式碼之間，隔開一行，這麼做可讓程式更容易閱讀。使用 **print()** 函式在螢幕上顯示兩個字串：

```
# 在此輸入一行空白行

print("You have reached the opening of a cave")
print("you decide to arm yourself with a ")
```

4. 下一步，使用 time 模組中的 **sleep()** 函式，把函式的參數（**argument**）值設為 2，讓程式等待 2 秒。

```
time.sleep(2)
```

參數（**argument**）是傳遞給函式的資訊，讓函式知道該如何完成指定的任務。參數的位置位於函式的括弧中，例如：上面的第 4 步，使用 2 作為參數，填寫在 time.sleep( ) 的括弧中，這個參數代表的意義是：你想讓程式等待多少秒，然後再執行下面的程式。

5. 現在，你可以讓玩家輸入他的答案。下面程式將顯示「**Think of an object**」並且等待玩家輸入答案，玩家可以輸入任何他喜歡的答案。例如：玩家若輸入 banana，程式就會使用 **print()** 函式顯示「**You look in your backpack for banana**（或是任何玩家輸入的東西）」。

當程式的末尾出現 ↵ 符號，意味著這些程式沒辦法被排在同一行，在你輸入的時候，請將這個符號連接的兩行程式放在同一行，之間不要有任何多餘的隔行和空格。

```
quest_item = input("Think of an object\n")

print("You look in your backpack for ", quest_item)

time.sleep(2)

print("You could not find ", quest_item)
print("You select any item that comes to hand from the backpack instead\n")
time.sleep(3)
```

在第一行中，字串末尾有個 \n，但不會顯示在螢幕上，它的作用是插入新行。這麼做的話，可隔開前面印出的訊息，使之更易於閱讀。

函式可能會有回傳值，可以被儲存在變數當中。例如：input() 函式會回傳使用者輸入的字串，或者 random.choice() 函式會回傳從參數串列中隨機取出的元素。

6. 下面要建立存貨串列，其實之前已經寫過了，留著不動即可：

```
inventory = ["Torch", "Pencil", "Rubber band", "Catapult"]
```

7. 在存貨程式碼的最後，使用 **choice()** 函式和 **random** 模組，從存貨串列中隨機選擇一個物品，並顯示在螢幕上，請在存貨串列的程式碼之後，輸入：

```
print(random.choice(inventory))
```

函式可以接受許多個參數，並且回傳結果。此處把一個參數交給函式 **time.sleep()**，告知程式等待多少秒，然後列印 **random.choice()** 函式回傳的結果。

完成後的程式如圖 5-6 所示。

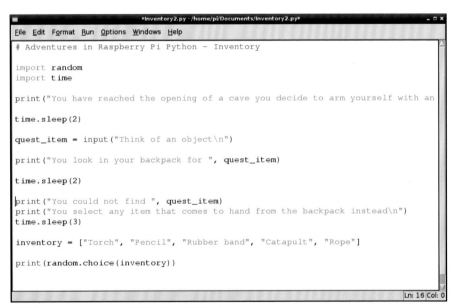

圖 5-6　在 Python 3 中使用模組建立存貨程式

把檔案命名為 **inventory1.py**，並儲存到 Documents 目錄下面，然後到工具列點選「執行（Run）→執行模組（Run Module）」。當程式提示要你輸入時，輸入你的答案，將會看到和圖 5-7 相似的結果。

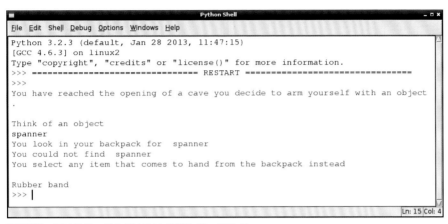

圖 5-7 使用模組，從存貨串列中隨機取出一個物品

假如使用者輸入 torch（火把）時，會發生什麼事呢？請看下列選項，哪個正確？

A. 找不到 torch

B. 從你的背包中找到 torch

C.torch! 應該可以照亮某些事物！

正確答案是 A。實際情況是程式會印出任何你輸入的字串，它並不會到串列裡檢查是否有該物品。

請試著思考，如何讓程式檢查已經存在於串列中的物品？

5.4　Python文字冒險遊戲

設計文字冒險遊戲，將會令人非常開心，因為裡頭所有的故事，都可以由你自行構思，並讓你的好友、家人與之進行互動，你所需要的只是豐富的想像力，當然也要具備一些程式設計技巧。

在這一小節裡，我們將會動手打造冒險遊戲，使用文字來指引玩家，程式將會不斷地詢問玩家，讓玩家做決定，以此方式推進故事情節。

VIDEO
視訊資料

這裡有個可供參考的影片，請到資源網站 www.wiley.com/go/adventuresinrp2E，點選 Videos 標籤，選擇 PythonTextAdventure 檔。

5.4.1　取得使用者輸入

因為文字冒險遊戲仰賴於與使用者進行互動，才能決定情節的走向，所以你將會需要 **input()** 函式來取得使用者輸入的內容。

```
direction1 = input("Do you want to go left or right? ")
```

這一行程式負責詢問玩家問題：「Do you want to go left or right?（你想往左走還是往右走？）」，程式將會等待玩家輸入，輸入內容必須是可被程式理解、接受的。

5.4.2　使用條件判斷

當玩家做出回應後，我們希望劇情接下來的走向可根據玩家的輸入來決定。這時候就會使用條件判斷式（**conditionals**）。在冒險 3 中的 Scratch 程式中，已經用過 **forever if** 積木來實現條件判斷功能。

記住，使用條件判斷的時候，就好像你提出一個問題但將會收到很多答案。例如：提出問題「今天下雨嗎」，如果答案是「下雨」，則需要穿上雨衣；如果答案是「不下雨」，則只需穿著夾克出門。這裡頭有個關鍵字，就是「如果」，在 Python 程式中，則以 **if** 代表。

接下來，將會在 Python 3 程式裡使用 **if** 來建立遊戲的條件判斷。請打開新的 Python IDLE 3 文字編輯視窗，儲存為 **AdventureGame.py**。

1. 第一步，匯入程式所需模組。就像之前的存貨串列程式，此處需要使用 **time** 模組中的 **sleep()** 函式，所以第一行首先匯入這個模組：

   ```
   import time
   ```

2. 在接下來的遊戲中，我們想要為玩家賦予生命值，可以根據玩家遭遇不同情況而增加或減少。生命值將被儲存在變數裡，請加入下面程式，增加這個功能：

   ```
   hp = 30
   ```

3. 現在，可以使用 **print()** 函式來告知玩家目前所處的位置，並使用 **sleep()** 函式，在移動前延遲 1 秒。

```
print("You are standing on a path at the edge of a ↵
    jungle. There is a cave to your left and a beach ↵
    to your right.")


time.sleep(1)
```

4. 如同之前的存貨程式範例，此處也想要得到玩家的輸入內容。以此例而言，玩家可能輸入 left（左邊）或者 right（右邊），使用變數 **direction1** 來儲存使用者輸入的內容，以便後續處理。

```
direction1 = input("Do you want to go left or right? ")
```

5. 接下來，根據不同的條件產生不同結果。需要建構兩種情況：當玩家選擇 left 的時候和當玩家選擇 right 的時候。您是否還記得，冒險 3 曾用過的 Scratch 條件判斷積木。在 Python 中，則是使用 if，**elif**（else if）和 **else** 來檢查條件：

```
if direction1 == "left":
    print("You walk to the cave and notice there is an opening.")
elif direction1 == "right":
    print("You walk to the beach but remember you do not have any swimwear.")
else:
    print("You think for a while")
```

if、**elif** 和 **else** 都是 Python 語言的關鍵字，用於檢查條件並給出結果。在前面的程式中，如果使用者輸入 left，程式會印出「You walk to the cave and notice there is an opening（你走向洞穴，發現有個入口）」這種情況；反之（使用者輸入了 right），程式將會印出不同的訊息，提示資訊給玩家。最後，如果玩家既不是輸入 left，也不是輸入 right，那麼程式會提示「You think for a while（你思索了一會兒）」。圖 5-8 秀出這段程式。

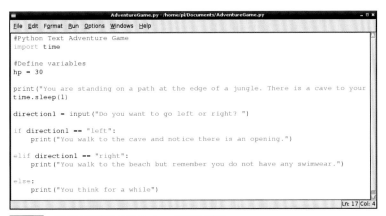

圖 5-8 設計冒險遊戲使用 Python 的條件判斷

深入程式碼

在冒險 3 中，你曾使用 if...else 積木在 Scratch 中建立角色扮演遊戲，如圖 5-9 所示。在 Scratch 中，if...else 積木已經幫你自動分割出了不同的情況，可以很容易地找到不同情況的位置，然而在 Python 程式裡，則需要自己輸入不同的情況。Python 同樣也會使用冒號「:」，放在條件的後面。如圖 5-9 所示，請看看 Scratch 和 Python 的條件判斷有何異同。

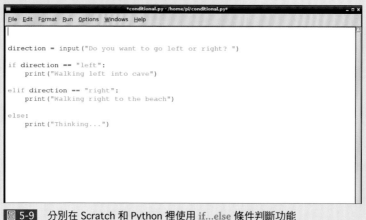

圖 5-9　分別在 Scratch 和 Python 裡使用 if...else 條件判斷功能

6. 儲存 AdventureGame.py，存放到 Documents 資料夾。然後點選工具列中的「執行（Run）→執行模組（Run Module）」來執行程式，結果將會類似於圖 5-10。

```
                              Python Shell                            _ □ x
File  Edit  Shell  Debug  Options  Windows  Help
Python 3.2.3 (default, Mar  1 2013, 11:53:50)
[GCC 4.6.3] on linux2
Type "copyright", "credits" or "license()" for more information.
>>> ============================== RESTART ==============================
>>>
You are standing on a path at the edge of a jungle. There is a cave to your left an
d a beach to your right
Do you want to go left or right? left
You walk to the cave and notice there is an opening.
>>> |
```

圖 5-10　使用執行模組（Run Module）測試冒險遊戲中的條件判斷

如果玩家輸入 LEFT 或 RiGhT，而非 left 和 right，那會發生什麼事呢？若是這種情況，依然可被辨識嗎？為了能夠正確辨識玩家輸入的回答，此處可使用小寫轉換函式，把玩家輸入的大寫字母轉為小寫，以便於讓條件判斷語句能夠正確辨識。

```
direction1 = direction1.lower()
```

在第一個 if 條件判斷語句之前、詢問玩家輸入的語句之後，加入上面這行程式。你可以參考本章冒險最後列出的完整遊戲程式。

5.4.3　使用while迴圈

　　到目前為止，我們還沒有要求玩家輸入特定的答案來讓遊戲繼續進行，如果玩家什麼都不輸入的話，遊戲很快就會結束。如果玩家輸入錯誤的話，遊戲會提示「You think for a while（你思索了一會兒）」。你希望玩家會輸入已經定義過的答案，以便進行接下來的情節，如 left 或 right。我們可在此處增加 while 迴圈，確保玩家輸入的答案是你想要的。這個迴圈會一直要求使用者輸入，直到使用者輸入你想要的的答案，然後進行之後的情節。請參考下面的程式：

```
# 無窮迴圈，直到得到可辨識的回應
while True:
    direction1 = input("Do you want to go left or right? ")
    direction1 = direction1.lower()
    if direction1 == "left":
        print("You walk to the cave and notice there is an opening.")
    break # 跳離迴圈
elif direction1 == "right":
    print("You walk to the beach but remember you do not have any swimwear.")
    break # 跳離迴圈
```

```
else:
  print("You think for a while")
```

在這段程式中（與圖 5-11 顯示的程式相同），你可以看到加粗顯示的 Python 關鍵字 **while True:** 被放在一開始的地方，而在 left 和 right 的後面有著關鍵字 **break**。**while True:** 會不斷執行裡頭的程式，直到使用者輸入正確答案：**left** 或 **right**，程式才會繼續往下執行，如此一來，就可避免因使用者輸入錯誤造成遊戲中止。

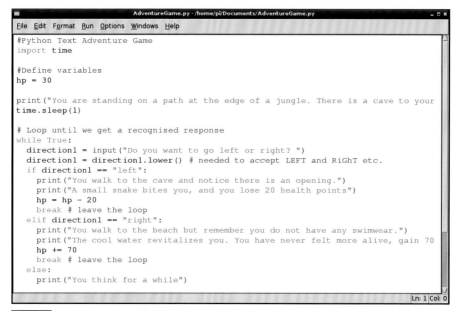

```
AdventureGame.py - /home/pi/Documents/AdventureGame.py

File  Edit  Format  Run  Options  Windows  Help
#Python Text Adventure Game
import time

#Define variables
hp = 30

print("You are standing on a path at the edge of a jungle. There is a cave to your
time.sleep(1)

# Loop until we get a recognised response
while True:
  direction1 = input("Do you want to go left or right? ")
  direction1 = direction1.lower() # needed to accept LEFT and RiGhT etc.
  if direction1 == "left":
    print("You walk to the cave and notice there is an opening.")
    print("A small snake bites you, and you lose 20 health points")
    hp = hp - 20
    break # leave the loop
  elif direction1 == "right":
    print("You walk to the beach but remember you do not have any swimwear.")
    print("The cool water revitalizes you. You have never felt more alive, gain 70
    hp += 70
    break # leave the loop
  else:
    print("You think for a while")

                                                                 Ln: 1 Col: 0
```

圖 5-11 在 Python 冒險遊戲中使用 while 迴圈

在撰寫程式的過程中，我們通常使用縮排，來讓程式結構更加清楚易讀。所謂縮排，就是指每一行程式開始位置與邊緣的距離。在 Python 程式語言中，縮排非常重要，已經不僅僅是為了讓程式更加易讀，而是必須遵守的規則。當你希望修改現有程式、增加條件判斷或是迴圈的時候，尤其重要。在冒險 3 和冒險 4 裡，我們在 Scratch 積木裡使用了條件判斷和迴圈，當你希望加入 forever 迴圈的時候，只需要把個別的積木增加到 forever 積木中，那麼，與迴圈中的積木相比，條件判斷的積木自動會有一定的縮排。在 Python 程式中，道理也相同，使用 while True: 迴圈時，下面的程式碼就必須增加縮排深度，否則程式將無法執行。使用 if、else 和 elif 時，也有同樣的規則。

5.4.4　使用變數作為生命值

到現在為止，這個文字冒險遊戲，已經建立變數用於儲存生命值（如 hp=30）。之前的冒險 3，我們也曾學習在 Scratch 中建立變數，道理相同。在這裡，需要給變數賦予初始值，這個值將會隨著遊戲的進展而改變。此處先設為 30，當然你也可以按照自己的想法設為其他值。

現在，請增加這段程式，生命值 hp 將會隨著玩家做出不同選擇而改變。使用 name = value 來命名變數，例子如下：

```
hp = 30
```

下面示範 Python 3 提供的改變變數值的兩種方式，：

如果想要讓生命值減去 10，使用 hp = hp - 10 或是 hp -= 10。

如果想要讓生命值增加 10，使用 hp = hp + 10 或是 hp += 10。

可以使用下面的運算子符號，進行數學運算：

-	減法運算
+	加法運算
*	乘法運算
/	除法運算

下面運算子符號用於判斷，給出的結果不是真就是假：

==	等於
!=	不等於
<	小於
<=	小於等於
>	大於
>=	大於等於

為了讓遊戲更加有趣，可以在你已經寫好的程式後面，增加額外功能，這些程式碼會在玩家做完決定後，顯示剩餘的生命值：

```
# 在玩家移動後，檢查生命值
print("You now have ", hp, "health points")
if hp <= 0:
  print("You are dead. I am sorry.")
```

最後兩行是個條件判斷，當玩家生命值低於 0 時，顯示「You are dead. I am sorry（你死了，我很抱歉）」，並結束遊戲。

5.4.5 整合所有學習到的知識

現在可以在 Python 3 IDLE 中新增檔案，輸入下面的程式，整合前面所介紹的功能，通通放在一起。

你可以到本書的資源網站 www.wiley.com/go/adventuresinrp2E，下載完整的 AdventureGame1.py 程式檔。但是有一點需要提醒，如果你能夠自己動手輸入下面的程式，將會從中學到更多。

Python 文字冒險遊戲

```
# Python 文字冒險遊戲
import time

# 建立生命值變數
hp = 30

# 告知玩家他們的位置，然後等待 1 秒
print("You are standing on a path at the edge of a jungle. ↵
  There is a cave to your left and a beach to your right.")
time.sleep(1)

# 無窮迴圈，直到得到可辨識的回應
while True:
  direction1 = input("Do you want to go left or right? ")
  # 轉為小寫；也就可以接受 LEFT 與 RiGhT 等輸入
  direction1 = direction1.lower()
  if direction1 == "left":
    print("You walk to the cave and notice there is an opening.")
    print("A small snake bites you, and you lose 20 health points.")
    hp = hp - 20
    break # 跳離迴圈
elif direction1 == "right":
  print("You walk to the beach but remember you do not ↵
    have any swimwear.")
```

```
    print("The cool water revitalizes you. You have never ↵
      felt more alive, gain 70 health points.")
    hp += 70
    break # 跳離迴圈
  else:
    print("You think for a while")
    time.sleep(1)


# 在玩家移動後，檢查生命值
print("You now have ", hp, "health points")
if hp <= 0:
  print("You are dead. I am sorry.")


print("Your adventure has ended, goodbye.")
```

命名為 AdventureGame1.py，並儲存到 Documents 資料夾下面，測試程式，結果如圖 5-12 所示（切記在檔案名後加上編號 1，與之前儲存的 AdventureGame.py 檔案區別開來）。

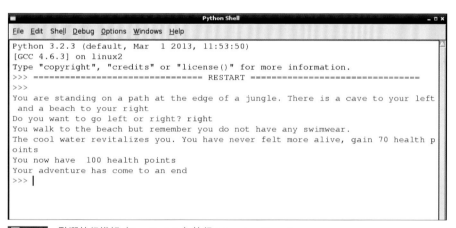

圖 5-12　點選執行模組（Run Module）執行 AdventureGame1.py

5.4.6　定義函式

　　雖然現在遊戲已經能夠正常運行，但是隨著增加越來越多的判斷條件和人機互動環節，程式碼將會變得非常龐大。當你閱讀程式的時候，就會感覺像是進入暗黑洞穴並且越陷越深，仰賴和玩家互動的程式，尤其容易發生這種情況，若你不斷複製和貼上已經撰寫過的程式碼，來實現重複的功能，將會讓程式變得非常繁瑣，很快就會失控。如果出現錯誤，也很難查出源頭，如果發現有重複的錯誤，更是難以修正。

碰到這種情況時，最好的解決方案是使用函式。到現在為止，我們已經使用過 Python 模組內建的函式，如 time 和 random，同樣的，你也可以建立自己的函式。這件事並不是非常困難，舉個例子，下面程式碼就定義了新函式，功能是計算 m 和 n 的乘積並回傳結果：

```
def multiply(m, n):
    return m * n
```

就像你在前面章節中所用過的函式一樣，此處的新函式也可以接受參數並回傳結果。這是非常好的程式組織形式，你可以使用多樣化的方式來重新組織你的程式，把不同功能的程式放進不同的函式中，這個過程叫做重構（refactor）。對於本章範例遊戲程式而言，若能建立 get_input() 和 handle_room() 函式，就是在進行重構。這些函式將在後續篇幅逐一介紹。

重構（refactor）就是將你現有的程式重新整合，使其變得更易於理解與閱讀，並且能夠避免發生錯誤。當你在開發程式時，若需要大量複製貼上重複的程式內容，通常就是應該進行程式重構的時候了。

get_input 函式

get_input 函式讓玩家輸入資訊，而且會一直執行，直到玩家輸入正確的資訊為止。例如：

```
get_input("Do you want to go left or right? ", ["left", "right"])
```

這個函式設定了兩個可以被接受的答案，也就是 left 和 right。只有當玩家輸入其中之一，程式才會停止繼續詢問。

handle_room 函式

handle_room() 函式包含著遊戲情節轉換的主要邏輯，使用最新的地點資訊作為條件，然後轉換、推進遊戲的情節。對於大多數的地點資訊而言，函式會要求玩家輸入，玩家輸入的資訊會決定遊戲後面的情節。

5.4.7 建立遊戲主迴圈

到目前為止，所有的程式碼和遊戲邏輯都寫在 while 迴圈裡頭，在下面的程式中，我們將會把大部分的邏輯功能抽取出來，包裝成為獨立的函式，以避免出現繁瑣的程式碼。這個新的函式叫做 handle_room()，能夠讓遊戲在不同的地點之間進行轉換。使用函式的話，比起之前直接將程式寫入主迴圈裡的作法，還要更好，但是你也必須仔細檢查程式縮排是否正確。

打開新的文字編輯視窗，儲存新的程式檔到 Documents 目錄下面，命名為 **AdventureGame2.py**。參照下面步驟，修改程式加入新函式。

你可以從本書的資源網站 www.wiley.com/go/adventuresinrp2E 下載完整的 AdventureGame2.py 程式檔。但是我需要提醒你，如果你能夠跟著書中內容自己動手輸入，將會學到更多。

1. 首先，如同之前建立生命值變數。在程式開頭處就把它設為全域變數，這點很重要，如此一來，之後的每一個函式才能夠存取該變數。

```
# 建立生命值變數
hp = 30
```

2. 接下來，定義第一個函式 get_input()。關鍵字 def 表示你想要定義函式，這個函式的功能是提示玩家，並取得輸入。其中包含 while 迴圈，確保能夠不斷地詢問玩家，直到拿到正確的輸入，若輸入答案可被理解再結束函式。例如：下面函式只希望玩家輸入 left 或者 right，程式會一直詢問玩家，直到取得其中一個答案。關鍵字 in 可快速判斷某變數是否存在於給定的串列裡。

```
def get_input(prompt, accepted):
  while True:
    value = input(prompt).lower()

    if value in accepted:
      return value
    else:
      print("That is not a recognised answer, must be one of ", accepted)
```

3. 現在要定義 handle_room() 函式，根據不同的參數資訊（地點），把遊戲切換到指定地點後、再回傳目前的位置資訊。舉例而言，如果位置資訊是 start，遊戲將會詢問玩家想要往什麼方向前進，然後使用拿到的答案帶領玩家到新地點。

務必確認程式縮排是否正確，下面的程式碼一共使用了三層縮排。

```python
def handle_room(location):
  global hp

  if location == "start":
    print("You are standing on a path at the edge of a ↵
      jungle. There is a cave to your left and a beach to ↵
      your right.")
    direction = get_input("Do you want to go left or right? ",
      ["left", "right"])

    if direction == "left":
      return "cave"
    elif direction == "right":
      return "beach"

  elif location == "cave":
    print("You walk to the cave and notice there is an opening.")
    print("A small snake bites you, and you lose 20 health points.")
    hp = hp - 20

    answer = get_input("Do you want to go deeper?",
      ["yes", "no"])
    if answer == "yes":
      return "deep_cave"
    else:
      return "start"

  elif location == "beach":
    print("You walk to the beach but remember you do not have any swimwear.")
    print("The cool water revitalizes you. You have never ↵
      felt more alive, gain 70 health points.")
```

```
        hp += 70

        return "end"

    else:
        print("Programmer error, room ", location, " is unknown")
        return "end"
```

4. 現在要加入遊戲的主迴圈，這個迴圈的結束條件是：玩家到達指定的結束地點。

```
location = "start"
# 迴圈，直到抵達特定的 "end" 地點後才會離開
while location != "end":
    location = handle_room(location) # 更新位置
```

5. 在這個遊戲中，玩家擁有生命值，所以每一次生命值有所增減時，都需要進行檢查，判斷玩家的角色是否死亡，如果死亡就宣告遊戲結束。

```
# 每回合都要檢查是否死掉
print("You now have ", hp, "health points.")
if hp <= 0:
    print("You are dead. I am sorry.")
    break

print("Your adventure has ended, goodbye.")
```

在每一輪結束後，這個迴圈都會檢查玩家生命值是否大於或等於 0，決定遊戲是否繼續進行。當遊戲地點進行到 end 的時候，這個迴圈也會結束。以上述兩個新函式，對遊戲程式碼進行重構，如圖 5-13 所示。

挑戰

與 AdventureGame2.py 和 AdventureGame1.py 那兩個檔案相比較，你認為重構程式是個好主意嗎？如何在現有程式中增加更多地點？如果想要確保現在的程式可以正常工作，你需要做多少輪不同的驗證？能否為遊戲增加物品欄？讓玩家使用物品，例如：恢復生命值等等功能。

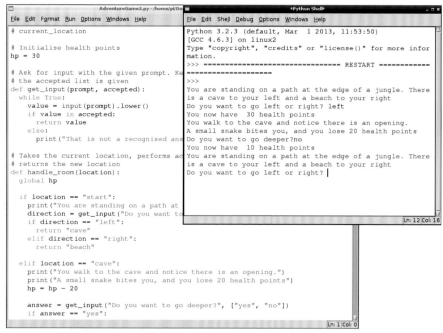

圖 5-13 在 Python 遊戲程式中使用新定義的函式

5.5 繼續Python學習之旅

關於在 Raspberry Pi 上撰寫 Python 程式，如果想進一步學習更多知識，下面列出不錯的入門學習資源，：

- 如果想瞭解更多關於 Python 的細節資訊，我推薦你看 Chris Roffey 寫的《Python Basics》（Cambridge University Press，2012）。
- Python 官方網站的文件：http://docs.python.org/3。
- 網站 http://inventwithpython.com 提供的線上 PDF 檔，教你如何自己打造 Python 遊戲。

Python 指令快速參考表

指令	描述
#	#後面的內容是程式註釋，並不屬於可執行的程式部分
\n	轉義字元，代表換行
break	跳出 for 或 while 迴圈
def	定義函式
elif	else if 的縮寫，允許你建立多種不同的條件判斷
for	for 迴圈可以讓你執行指定的程式區塊數次

Python 指令快速參考表

指令	描述
if	判斷條件，如果為真，則執行下面的程式
if...else	判斷條件，如果為真，則執行 if 後的程式，否則執行 else 後的程式
import	匯入額外的模組或程式庫
input()	輸入函式，並將輸入的內容轉為字串
inventory = ["Torch", "Pencil", "Rubber", "Band", "Catapult"]	Python 串列範例。串列可以包含變數和字元，以逗號隔開並包含在方括號中
name = value	變數範例
print()	輸出函式，輸出括弧中的內容
print(inventory [3])	輸出 inventory [3] 串列中的內容
random	Python 模組，可以產生亂數
return	結束函式並回傳值
time	Python 模組，提供和時間相關的函式
while	while 迴圈，當條件滿足時，就不斷執行裡頭程式

解鎖成就：你已經可以在 Raspberry Pi 上開發 Python 程式！

關於下一個冒險…

冒險 6 中，將會介紹一款電腦遊戲—Minecraft，使用專門為 Raspberry Pi 提供的 Minecraft 版本。你將會學習如何使用聊天視窗、加入不同的模組來建立各種構造，在 Minecraft 世界中，依照玩家指定的座標快速地傳送角色。

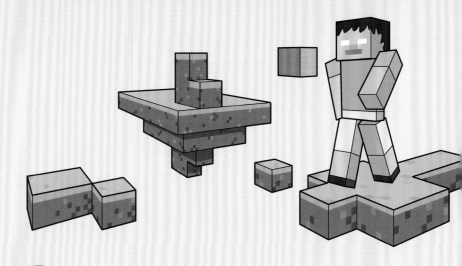

Adventure **6**

在Raspberry Pi上運行 Minecraft世界

　　Minecraft 是一款非常熱門流行的電腦沙盒遊戲，允許你在遊戲中，使用豐富的建築元素，創造任何你想要的世界（見圖 6-1）。進行遊戲時，不會受到任何拘束，可以盡情發揮豐富的想像力，僅用一把可靠的斧頭，就能收集建築元素和攻擊怪獸。詳情請到 Minecraft 官方網站（https://minecraft.net）查詢，可瞭解更多相關知識，也能註冊，試玩體驗 Minecraft 線上版本。

圖 6-1　Minecraft

6.1 啟動Minecraft Pi

Minecraft Pi 在 Raspbian 作業系統裡已經有預先安裝了，你可以從主選單的 Games 子選單中找到 Minecraft Pi，如圖 6-2 所示。它和 Minecraft Pocket Edition 版本類似。如果你的 Raspbian 因為版本較舊而未包含 Minecraft Pi，那麼請照著下面的步驟，下載並安裝 Minecraft Pi 到你的 Raspberry Pi。

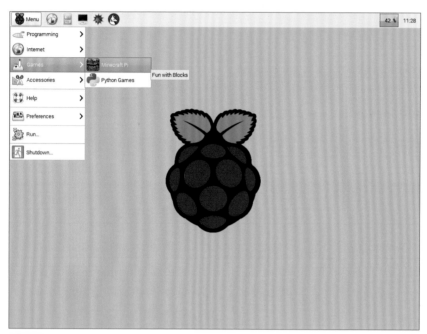

圖 6-2 從 Raspbian 選單中啟動 Minecraft Pi

這裡有個可供參考的設定 Minecraft Pi 的影片，請到資源網站 www.wiley.com/go/adventuresinrp2E，點選 Videos 標籤，選擇 MinecraftPiSetup 檔。

1. 點選工作列上的「LXTerminal」圖示，打開終端機視窗。

2. 輸入下列指令：

```
cd ~
wget https://s3.amazonaws.com/assets.minecraft.net/pi ↵
    /minecraft-pi-0.1.1.tar.gz --no-check-certificate
```

在上面指令中，cd 後面的波浪符號「~」，將會切換到目前使用者的家目錄。如果你是用帳號名稱 pi 登入，那麼第一行指令會把你帶到 /home/pi 目錄。登入 Raspberry Pi 系統、第一次打開 LXTerminal 的時候，會被自動定位在目前使用者的家目錄下面，所以這裡的第一行指令並非必要。

下載過程需花費一些時間，時間長短取決於網路傳輸狀況。當下載開始後，終端機視窗的下方會出現目前下載的進度條，如圖 6-3 所示。等到抵達 100%，就可以繼續執行下面的步驟。

3. 剛剛下載的檔案類型是 .tar.gz，類似於 .zip 檔，需要進行解壓縮。請輸入下列指令，解壓縮 .tar.gz 檔案，取得 Minecraft 遊戲：

```
tar -zxvf minecraft-pi-0.1.1.tar.gz
```

這個指令會把 Minecraft Pi 解壓縮到你的家目錄。此步驟只需做一次，以後想要啟動 Minecraft Pi 時，只要執行第 4 步就可以了。

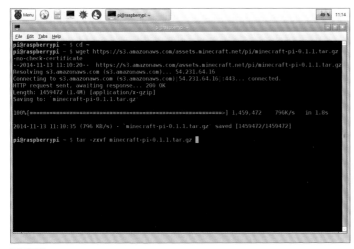

圖 6-3　使用 LXTerminal 來下載 Minecraft Pi 並解壓縮

4. 執行下列指令可啟動 Minecraft Pi：

```
cd mcpi
./minecraft-pi
```

至於預先安裝的 Minecraft Pi，則使用指令 minecraft-pi 即可執行遊戲，遊戲初始視窗如圖 6-1 所示。

深入程式碼

看到上面的指令與術語，您是否感到陌生？讓我簡短說明這些新東西：

- tar.gz 是種集結存檔，包含其他檔案。tar 也是個應用程式，允許你從集結存檔中提取出裡頭的檔案。

- -zxvf，第 3 步下指令時使用這些參數。屬於 tar 指令的附加參數，用於描述提取檔案的方式。你可以查詢線上說明手冊，了解任何一個指令有哪些附加參數。例如：輸入 man tar 便可看到與 tar 指令相關的所有資訊。

- wget 指令的作用是下載檔案，例如：從網站伺服器存放檔案的地方取得 .tar 檔。wget 指令的名稱就是 World Wide Web 和 get 縮寫而來。

6.2　Minecraft Pi操作說明

　　直接點選 Minecraft 開始介面中的「Start Game（開始遊戲）」，便可進入遊戲世界開始遊玩。但是，當你第一次開始的時候，這個列表會是空的，請點選「Create New（新增）」來產生建造模式的 Minecraft 世界。Minecraft 有兩種模式：生存模式和建造模式。在建造模式中，你不用躲避怪物，可直接建造你想要的建築物。請自己玩一會，熟悉一下 Minecraft 建造模式的操作方式，可用的操作方式請見表 6-1。

表 6-1　Minecraft Pi 操作方式

按鍵 / 滑鼠	動作
W	向前移動
A	向左移動
S	向右移動
D	向後移動
Spacebar	跳躍，點選兩次代表飛翔
Tab	釋放滑鼠，你才能操作其他視窗
Esc	回到主選單
移動滑鼠	改變角色的視角
按滑鼠左鍵	擊碎前方方塊
按滑鼠右鍵	放置方塊

　　能夠自由地遊玩 Minecraft，這是 Minecraft Pi 有趣的面向之一，但是更有趣的是使用 Python 程式來控制 Minecraft 的場景和環境，接下來該是深入探究的時候了。

Minecraft Pi 提供 Java 和 Python 的程式庫，但不是你之前所使用的 Python 3。在前面的冒險中，我們使用並學習 Python 3 的 IDE 環境 IDLE 3。在這次冒險中，則會使用 LXTerminal 命令列介面和 nano 編輯器，執行你的 Python 程式。這個方法更為先進，你會發現其執行速度，比起把程式全部放在 IDLE 裡還要快。

6.3 你的第一個Minecraft Pi Python程式

透過初次執行遊戲，現在你已確認 Minecraft Pi 可在 Raspberry Pi 上順利運作，該是時候動手撰寫程式進行創作了。在這項範例專案中，你需要執行 Minecraft 遊戲並且在 LXTerminal 裡撰寫 Python 腳本程式，藉以測試兩者之間的連接是否正常，作用是在遊戲中顯示一段訊息。

這裡有個可供參考的 Minecraft Pi Python 程式影片，請到資源網站 www.wiley.com/go/adventuresinrp2E，點選 Videos 標籤，選擇 FirstMinecraftPi 檔。

1. 首先打開 LXTerminal 終端機視窗，並執行 Minecraft Pi。若已打開命令列介面，請輸入下列的指令：

```
minecraft-pi
```

2. 當 Minecraft Pi 載入完成後，點選「Start Game」，開始遊戲並在列表中選擇一個世界（如果你尚未產生任何世界，點選「Create New」，進入建造模式，就像前面介紹的那樣）。

3. 操作滑鼠，回到 LXTerminal 視窗，然後點選「檔案（File）→新增標籤（New Tab）」來建立新的終端機視窗，這樣一來，就可以在 Minecraft Pi 執行的同時，輸入程式。

4. 輸入下列指令，打開 nano 文字編輯器來編輯 Python 程式：

```
nano testmcpi.py
```

將會在命令列介面視窗裡開啟 nano 文字編輯器。

5. 在 nano 文字編輯器裡，輸入下列內容：

```
import mcpi.minecraft as minecraft
```

如同之前所撰寫的 Python 程式，首先匯入所需要的 Python 模組，此處需要的是 Minecraft 模組。然後輸入下列程式碼（確認大小寫是否正確）：

```
mc = minecraft.Minecraft.create()
```

這行程式碼會把你的 Python 程式和 Minecraft 世界聯繫在一起，可以讓你與遊戲進行互動。記住，必須先執行 Minecraft 並且處在遊戲中，程式才能運作。

6. 接下來，使用下列的程式碼，產生一條訊息：

```
msg = "I am starting my Minecraft Pi Adventures"
```

然後輸入下面這一行，把訊息送往 Minecraft 聊天視窗。

```
mc.postToChat(msg)
```

7. 按下 Ctrl + X 組合鍵，然後按 Y 鍵，儲存你的程式，視窗會出現提示資訊 **File name to write: testmcpi.py**（將要寫入的檔案名稱：testmcpi.py）。按 Enter 鍵確定存檔，然後會回到終端機視窗的命令列介面。

8. 現在請輸入下列指令，執行這個腳本程式：

```
python testmcpi.py
```

你應該會看到，在 Minecraft 遊戲的聊天視窗裡，顯示了你發送的資訊，如圖 6-4 所示。

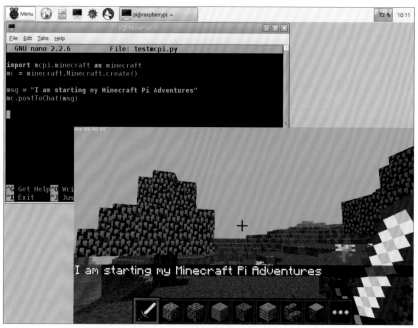

圖 6-4 你的第一個 Minecraft Pi 的 Python 程式

6.4　在Minecraft Pi中使用座標

你馬上就會發現，使用 Python 程式在 Minecraft 遊戲環境中進行創作，居然是如此有趣的事情，而且非常簡單。Minecraft 世界有三個維度，為了描述這個空間，Minecraft Pi 使用了 x、y、z 三個座標軸來產生 3D 空間，x 是水平前後，y 是垂直上下，z 是水平左右，如圖 6-5 所示。

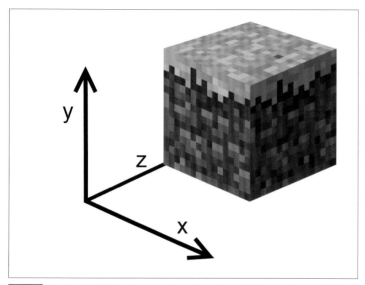

圖 6-5　x、y、z 座標

6.4.1　找出玩家的位置

為了能夠理解座標在 Minecraft 中的含義，在這一節裡，我們將要讀取目前的座標值，並且試著改變座標，把玩家傳送到另一個位置。下面的程式介紹如何讀取目前位置的座標。

1. 在 LXTerminal 視窗中，輸入下列指令，啟動 nano 文字編輯器並新增檔案，取名為 location.py：

```
nano location.py
```

2. 在這個新的程式檔中，首先輸入下列的程式，匯入所需模組：

```
import mcpi.minecraft as minecraft
import time
```

```
mc = minecraft.Minecraft.create()

time.sleep(1)
pos = mc.player.getPos()
```

在最後一行，使用 **getPos** 指令查知玩家目前的位置。下一步則要把座標值顯示到 Minecraft 的聊天視窗，請輸入下列的程式：

```
mc.postToChat("You are located x=" +str(pos.x) + ", y=" ↵
  +str(pos.y) +", z=" +str(pos.z))
```

pos.x 顯示的是 x 座標值，**pos.y** 顯示的是 y 座標值，**pos.z** 顯示的是 z 座標值。

3. 按下 Ctrl + X 組合鍵，退出 nano 文字編輯器，記住要按 Y 鍵存檔。

4. 輸入下列的指令執行程式：

```
python location.py
```

現在，玩家目前的座標值已經顯示在聊天視窗中，如圖 6-6 所示。

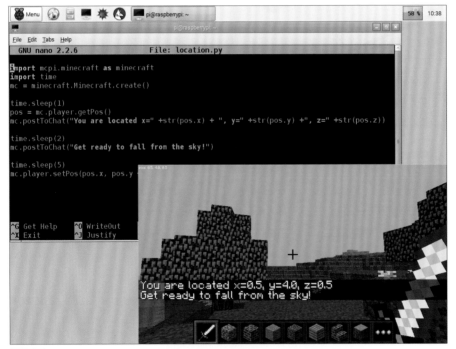

圖 6-6　使用 getPos 和 setPos 函式來定位和移動角色

深入程式碼

postToChat 函式需要字串作為參數，而 **pos.x** 是個數字，所以使用 **str()** 函式把數字轉成字串，而且，Python 允許你組合不同的字串，得到更長的字串。

6.4.2 改變玩家位置

現在，我們已經能輕鬆得知玩家在 Minecraft 世界中的所處位置，為什麼不嘗試著改變一下呢？在命令列介面輸入 **nano location.py** 來修改程式檔，在最後的地方加上下列的程式碼：

```
time.sleep(2)
mc.postToChat("Get ready to fall from the sky!")

time.sleep(5)
mc.player.setPos(pos.x, pos.y + 60, pos.z)
```

當你執行這段程式，玩家位置會迅速改變。最後一行程式 **mc.player.setPos(pos.x, pos.y + 60, pos.z)** 只會把 y 的值增大 60，所以執行的結果是玩家位置高度忽然增加，懸在半空中，然而因為玩家腳下沒有任何可以支撐的東西，所以又會開始下降！接下來，將要學習如何製造讓角色能夠站立的地方。

6.4.3 放置方塊

一般來說，Minecraft 允許玩家設計、建造各種建築物，例如：居所、避難處、房屋或者其他。事實上，如果你擁有足夠的時間並且善於規劃，甚至可以創造出整座城市；但是如果能夠以程式來操作 Minecraft，更可節省大把時間，只需撰寫簡單的程式，便可辦到。

在你開始閱讀此一章節之前，需要到 Minecraft 開始選擇選單，點選「Create New」按鈕來產生新世界。這樣做的話，你的玩家角色才會處於系統的初始位置，若非如此，可能看不到後面篇幅所建立的建築物。

1. 在 LXTerminal 視窗中，輸入下列指令，建立新程式檔案，取名為 **placeblock.py**：

```
nano placeblock.py
```

2. 此處需要從 Minecraft Pi 匯入 **block** 模組，此模組允許你使用建築元素，請在 nano 的文字編輯視窗裡輸入下列的程式碼：

```
import mcpi.minecraft as minecraft
import mcpi.block as block
mc = minecraft.Minecraft.create()

mc.setBlock(1, 10, 1, block.STONE)
```

最後一行的這三個數字：1,10,1，代表 x, y, z 座標值，如圖 6-5 所示，其後緊跟著你希望使用的材料—STONE（石頭），請見圖 6-7，這麼一來，在 Minecraft Pi 中的執行結果，將會是一顆單獨的石頭方塊懸掛在玩家頭頂的天空中。

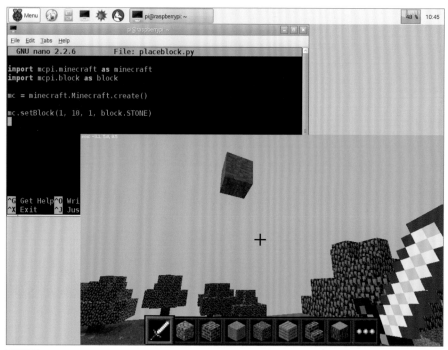

圖 6-7 在 Minecraft Pi 中使用 **setBlock**

3. 按 Ctrl + X 組合鍵退出 nano 文字編輯器，記住按 Y 鍵存檔，測試程式看看會發生什麼事。

挑戰

試試你是否能夠到達新地點，記下地點的座標，然後使用 setBlock 指令嘗試一下不同的材料。你可以查閱 Minecraft Pi 的 block.py 檔，裡頭含有全部方塊的材料名稱，這個檔位於 ~/mcpi/api/python/mcpi/ 目錄。

6.4.4　放置多個方塊

每次若只能放置一個方塊，仍會耗費很長的建築時間，若想蓋出大型建築，並沒有太大的幫助。但是，你只要再加上額外一個字元，就可以一次放置多個方塊。

到目前為止，使用指令 setBlock，可以在指定的座標上放置一個方塊。指令 setBlocks（末尾比之前多了一個 s）的工作方式與 setBlock 大致相同。你可以設定一組座標，指出你想要在何處建造，然後緊接著第二組參數，便可代表你想要建立的數量，於是可以幫助你建造出各種建築形狀：

```
setBlocks(x1, y1, z1, x2, y2, z2, blocktype)
```

例如：若想要正方體，你可以輸入：

```
setBlocks(0, 0, 0, 10, 10, 10, block.MELON)
```

前三個數字是這些方塊應該被放置的位置，後三個數字是這些方塊的數量。所以這行程式碼會放置 10 個甜瓜圖形的方塊，分別在 x 軸、y 軸和 z 軸，組成正方體，如圖 6-8 所示。

然而，如果使用這個腳本，你會發現看不到全部的甜瓜圖形方塊，因為 Minecraft Pi 在（0,0,0）的座標開始放置，要看當時的地形而定，方塊可能被放進旁邊的山脈裡！

將方塊放在玩家眼前的位置，會是比較合理的選擇，這麼一來，你就可以判斷哪裡合適哪裡不合適。首先使用下列的程式，查知玩家目前的位置：

```
pos = mc.player.getTilePos()
```

到目前為止，你已經能夠使用玩家的初始位置、進行放置方塊的動作，這種方法可以讓玩家看見目前所站立的方塊或是周圍放置的方塊，但是也會衍生問題，如果你想要放置很多方塊，getPos() 函式回傳的值是十進位，也就是常說的浮點數類型的變數，這意味著，玩家可以站立在方塊中間。但是放置方塊的時候，座標必須是整數類型，所以可取而代之，使用 getTitlePos() 函式，它會回傳玩家目前所站立的方塊的座標。

挑戰

嘗試改變方塊的座標值，建立更多的形狀。如果你需要指引，請見圖 6-8。該如何使用 setBlocks 建造一道牆呢？

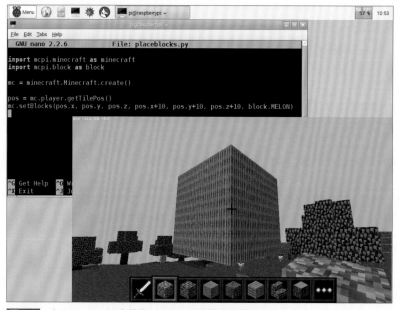

圖 6-8　在 Minecraft Pi 中使用 setBlocks 建造立方體

接著可使用 setBlocks，根據玩家所處的位置座標來放置方塊：

```
mc.setBlocks(pos.x, pos.y, pos.z, pos.x + 10, ↵
  pos.y + 10, pos.z + 10, block.MELON)
```

你應該會發現，執行完畢後，玩家將會處於這個立方體的內部，這是因為第一組參數正是玩家的位置座標！使用這個指令的話，同樣也可以改變座標位置：

```
mc.setBlocks(pos.x + 5, pos.y + 5, pos.z, pos.x + 10, ↩
  pos.y + 10, pos.z + 10, block.MELON)
```

請自行嘗試，繼續修改你的程式碼，看看能否使其運作。

6.5　建立鑽石傳送點

在你遊玩 Minecraft 建造模式的時候，從一個地方移動到另一個地方，往往要花費大量時間，幸好我們可以撰寫傳送功能的程式，藉由建立鑽石傳送點，快速地從一個地方瞬間移動到另一個地方。此處需要使用 set Block、getPos 和 setPos。

這裡有個可供參考的鑽石傳送點影片，請到資源網站 www.wiley.com/go/adventuresinrp2E，點選 Videos 標籤，選擇 DiamondTransporter 檔。

1. 在 LXTerminal 視窗中，輸入下列指令，建立新的 nano 文字編輯框，並把檔案取名為 transporter.py：

```
nano transporter.py
```

2. 匯入所需模組：

```
import mcpi.minecraft as minecraft
import mcpi.block as block
import time
```

3. 設定終端機視窗和 Minecraft 的連線，並向遊戲聊天視窗發送訊息：

```
mc = minecraft.Minecraft.create()
mc.postToChat("A Transporter Adventure")
time.sleep(5)
```

在上面的程式中，有一段延遲時間，該行非常重要。這麼一來，才可以在放置傳送點方塊前移動玩家。

4. 放置第一個鑽石傳送點作為起點：

```
transporter1 = mc.player.getTilePos()
mc.setBlock(transporter1.x, transporter1.y - 1, ↩
  transporter1.z, block.DIAMOND_BLOCK)
```

```
mc.postToChat("1st Transporter created")
time.sleep(2)
```

5. 顯示訊息，告訴玩家移動到另一個希望傳送到的地點：

```
mc.postToChat("Find another location in 30 seconds")
time.sleep(30)

transporter2 = mc.player.getTilePos()
mc.setBlock(transporter2.x, transporter2.y -1, ↵
   transporter2.z, block.DIAMOND_BLOCK)
mc.postToChat("2nd Transporter created")
time.sleep(2)
```

6. 建立 while true 迴圈，持續檢查玩家位置。如果玩家位在第一個鑽石傳送點，將會被改
   變到第二個鑽石傳送點。如果玩家位在第二個鑽石傳送點，則會被改變到第一個鑽石傳
   送點。

```
while (True):
   time.sleep(1)
   pos = mc.player.getTilePos()

   if(pos.x == transporter1.x) and (pos.y == ↵
     transporter1.y) and (pos.z == transporter1.z):
       mc.player.setPos(transporter2.x, transporter2.y, transporter2.z)
   if(pos.x == transporter2.x) and (pos.y == ↵
     transporter2.y) and (pos.z == transporter2.z):
       mc.player.setPos(transporter1.x, transporter1.y, transporter1.z)
```

圖 6-9 秀出程式，圖 6-10 秀出鑽石傳送點的位置。

挑戰

你能否根據下列敘述，增強之前的傳送點程式？

● 修改程式，讓玩家可以選擇什麼時間到達什麼地點，讓玩家可自行輸入，而非
固定的程式。

● 修改程式，在聊天視窗裡加入倒數計時功能，每五秒提示一次，讓玩家知道還
剩餘多少時間。

```
pi@raspberrypi: ~/mcpi/api/python                                            _ 6 x
File  Edit  Tabs  Help
  GNU nano 2.2.6                     File: transporter.py

import mcpi.minecraft as minecraft
import mcpi.block as block
import time

mc = minecraft.Minecraft.create()
mc.postToChat("A Transporter Adventure")
time.sleep(5)
#Place a diamond block to set 1st transporter location
transporter1 = mc.player.getTilePos()
mc.setBlock(transporter1.x, transporter1.y - 1, transporter1.z, block.DIAMOND_BLOCK)
mc.postToChat("1st Transporter created")
time.sleep(12)
#Display a message to player
mc.postToChat("Find another location in 30 seconds")
time.sleep(30)
#Place a second diamond block in a different location
transporter2 = mc.player.getTilePos()
mc.setBlock(transporter2.x, transporter2.y -1, transporter2.z, block.DIAMOND_BLOCK)
mc.postToChat("2nd Transporter created")
time.sleep(2)

#Loop forever
while (True):
  time.sleep(1)
  pos = mc.player.getTilePos()

  if(pos.x == transporter1.x) and (pos.y == transporter1.y) and (pos.z == transporter1.z):
       mc.player.setPos(transporter2.x, transporter2.y, transporter2.z)
  if(pos.x == transporter2.x) and (pos.y == transporter2.y) and (pos.z == transporter2.z):
       mc.player.setPos(transporter1.x, transporter1.y, transporter1.z)



^G Get Help      ^O WriteOut     ^R Read File    ^Y Prev Page    ^K Cut Text     ^C Cur Pos
^X Exit          ^J Justify      ^W Where Is     ^V Next Page    ^U UnCut Text   ^T To Spell
```

圖 6-9   Minecraft Pi 中鑽石傳送點的程式

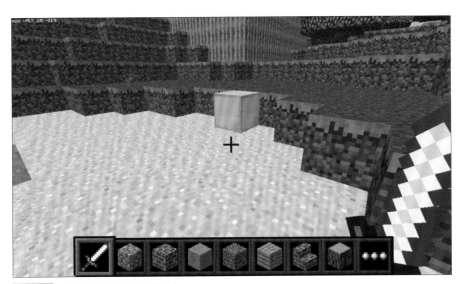

圖 6-10   等待被啟動的鑽石傳送點

6.6　分享並複製Minecraft Pi程式

　　當 Minecraft 社群和 Raspberry Pi 社群結合在一起，就會冒出許多美好事物！很多玩家喜歡分享他們創作的 Minecraft Pi 程式，你可以直接複製或者拷貝他們的程式，放到你的 Raspberry Pi 上執行。可到 Minecraft Pi 論壇（**www.minecraftforum.net/forum/216-minecraft-pi-edition**）或者 Raspberry Pi 的論壇（**www.raspberrypi.org**），尋找他們分享的程式。許多程式設計師也使用程式託管平台，諸如 GitHub（**https://github.com**），來分享程式，這樣一來，你就可以輕鬆下載他們的作品，嘗試玩玩並動手修改。何不瞧一瞧 Martin O'Hanlon 的 Minecraft 加農炮程式（Cannon）呢？這個程式會在玩家所處位置建立加農炮，你可以使用 LXTerminal 命令列介面來移動加農炮，向上或向下，然後開火。下面的網址中有個相關影片，可供讀者觀看：**www.youtube.com/watch?v=6NHorP5VuYQ**。

1. 打開 LXTerminal 視窗。如果你的 Raspbian 系統沒有定期更新，也許無法安裝所需的應用程式，所以，第一步請輸入下列指令，升級你系統裡的軟體套件清單：

   ```
   sudo apt-get update
   ```

2. 接下來，輸入下面指令：

   ```
   sudo apt-get install git-core
   ```

   這個指令會安裝應用程式 **git-core**，有了它，你就能複製 Martin 已經放在 GitHub 上的程式碼。

3. **git-core** 安裝好了之後，輸入下列的指令，在 Raspberry Pi 上建立 Cannon 程式的複本：

   ```
   cd
   ~git clone ↵
     https://github.com/martinohanlon/minecraft-cannon.git

   cd minecraft-cannon
   ```

4. 把工作目錄切換為 **minecraft-cannon** 後，輸入下列的指令，啟動 Minecraft 加農炮程式：

   ```
   python minecraft-cannon.py
   ```

   現在，你可以準備開始玩加農炮囉！如圖 6-11 所示。在 LXTerminal 視窗中，以下列指令進行操作：

- **start**：準備加農炮。
- **rotate** [0-360 degrees]：在 0 度至 360 度之間旋轉加農炮。

- tilt [0-90 degrees]：在 0 度至 90 度之間改變傾角。
- fire：開火。
- exit：退出並清除加農炮。

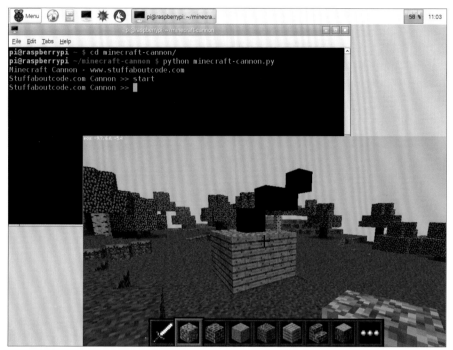

圖 6-11　Minecraft Pi 的加農炮

6.7　繼續Minecraft Pi學習之旅

多玩玩 Minecraft Pi，可啟發你的創意。除了尋找他人撰寫好的作品，也有很多線上教材，包括介紹如何建造各種東西，例如：彩虹、橋梁等等。下面列出我推薦給各位讀者的學習資源：

- 根據教材的指引，建造五彩繽紛的彩虹：www.minecraftforum.net/topic/1638036-my-first-script-for-minecraft-pi-api-arainbow。
- 參考 Martin O'Hanlon 的 Minecraft Pi 教材，非常有幫助：www.stuffaboutcode.com/p/minecraft.html。
- 閱讀 Craig Richardson 的 Python Minecraft Pi 書籍著作，提高程式設計能力（http://arghbox.files.wordpress.com/2013/06/minecraftbook.pdf），以及線上聊天 API 介面的文件（http://arghbox.files.wordpress.com/2013/06/table.pdf）

- 藉由 David Whale 及 Martin O'Hanlon 所著的《Minecraft 新魔法：打破虛擬沙盒世界的界限》（博碩文化出版），進一步發展 Python 技巧（www.wiley.com/go/adventuresinminecraft）

Minecraft Pi 指令快速參考表

指令	描述
cd mcpi	切換工作目錄到 mcpi
import mcpi.minecraft as minecraft	匯入 Minecraft 模組
mc = minecraft.Minecraft.create()	建立 Minecraft 世界，連接到 Minecraft Pi 程式
./minecraft-pi	在 LXTerminal 命令列介面下面打開 Minecraft Pi
pos = mc.player.getPos()	回傳浮點數類型的玩家座標值
pos = mc.player.getTilePos()	回傳整數類型的玩家座標值
postToChat (msg)	向 Minecraft Pi 的聊天視窗發送訊息
setBlock	在某個位置放下方塊
setBlocks	在兩個座標之間放置方塊
setPos	設定玩家的位置
wget	從網路下載檔案，例如：.tar 檔

解鎖成就：既然能為 Minecraft 撰寫程式來堆方塊，為何還要自己堆呢？

關於下一個冒險…

在下一次的冒險，你的 Raspberry Pi 將會搖身一變，變成電子音樂合成器，學習如何使用 Sonic Pi 來創作音樂！

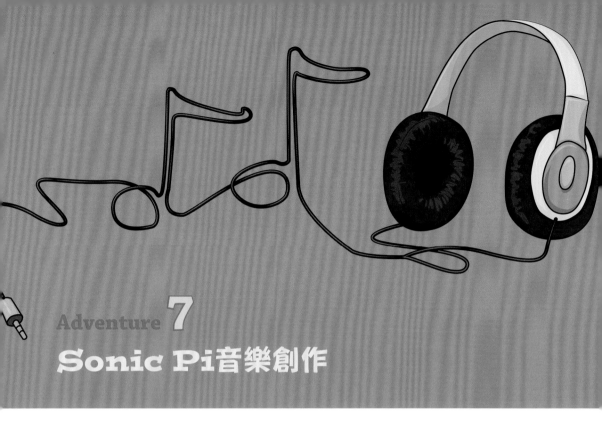

Adventure 7
Sonic Pi音樂創作

Raspberry Pi 用途非常廣泛,例如:可作為獨立電腦、遊戲機、甚至是音樂合成器。人類和電腦的溝通互動方式日新月異,電腦已經不再只是僅用於編輯文字和玩遊戲的裝置,同樣可以幫助人們交流、傳遞資訊和創作音樂。

運用電腦創作音樂並非新概念,電腦音樂的根源是電子音樂,許多音樂家採用程式的形式創作出電子音樂。有種音樂風格叫做 Chiptune,使用來自於 1980 年代和 1990 年代電腦和遊戲主機的音訊晶片,例如:任天堂公司(Nintendo)的 Game Boy。Pixelh8(www.pixelh8.co.uk/music/)和 2xAA(http://brkbrkbrk.com)都是 Chiptune 風格的藝術家和程式設計師,在播放音樂之前,他們需要先撰寫音樂程式;還有一些電腦音樂程式設計師喜歡即時編寫音樂程式,感受周遭氛圍並以新的音樂程式回應聽眾,有點像是今日舞廳中的 DJ,稱為實況表演設計師(Live Coder)。Meta-eX 樂隊(http://meta-ex.com)是在現場編寫程式的典型團隊,表演時,他們會把程式顯示在大螢幕上,觀眾可以即時地看到音樂的變化,如圖 7-1 所示。

Raspberry Pi 有耳機介面,可插上耳機聆聽系統發出的聲音,另外加上鍵盤和滑鼠,可讓你能夠輸入、編輯程式。在這次冒險中,我們將會充分利用這些元件,使用Sonic Pi(http://sonic-pi.net)創作音樂,你將會成為電腦音樂程式設計師!

圖 7-1 實況程式樂隊 Meta-eX 表演過程中的大螢幕

7.1 開始使用Sonic Pi

在這次冒險中,我們會使用專門為 Raspberry Pi 特製的音樂應用軟體 Sonic Pi 來創作音樂。Sonic Pi 的作者是 Sam Aaron 先生,他是一名實況音樂程式表演家,這款應用軟體就是以他豐富的 Overtone 音樂系統為基礎而打造出來的創作平台。Raspbian 已經預先安裝 Sonic Pi,不過由於 Sonic Pi 也仍然在持續演變,因此你可能會想要在進行本章教學之前,先做更新及升級。

請確認你使用最新版本的 Raspbian 作業系統。

1. 在 LXTerminal 視窗裡,輸入下列的指令,更新軟體套件清單:

```
sudo apt-get update
```

2. 接下來,執行下列指令安裝 Sonic Pi。

```
sudo apt-get install sonic-pi
```

Sonic Pi 安裝完成後,會出現在主選單中的 Programming 子選單下面,如果沒看到,重啟 Raspberry Pi 即可。執行安裝指令時的情況,如圖 7-2 所示。

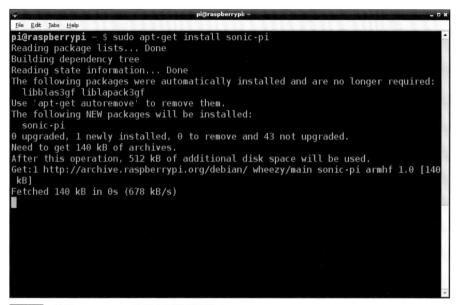

```
                              pi@raspberrypi: ~                        _ □ ✕
File  Edit  Tabs  Help
pi@raspberrypi ~ $ sudo apt-get install sonic-pi
Reading package lists... Done
Building dependency tree
Reading state information... Done
The following packages were automatically installed and are no longer required:
  libblas3gf liblapack3gf
Use 'apt-get autoremove' to remove them.
The following NEW packages will be installed:
  sonic-pi
0 upgraded, 1 newly installed, 0 to remove and 43 not upgraded.
Need to get 140 kB of archives.
After this operation, 512 kB of additional disk space will be used.
Get:1 http://archive.raspberrypi.org/debian/ wheezy/main sonic-pi armhf 1.0 [140
 kB]
Fetched 140 kB in 0s (678 kB/s)
```

圖 7-2   使用 apt-get install 指令下載並安裝 Sonic Pi

為了能聽到聲音,你需要連接 Raspberry Pi 到能夠播放音樂的裝置,可使用 3.5 mm 耳機線材連接耳機或喇叭,或使用 HDMI 線,連接 HDMI 電視機或內建喇叭的 HDMI 電腦螢幕。更好的聲音品質,能夠得到更豐富的體驗!

7.2   Sonic Pi操作介面

Sonic Pi 安裝完成後,會出現在主選單的 Programming 子選單裡,請見圖 7-3。你之前大概並未用過這款應用軟體,因為 Sonic Pi 是專門為 Raspberry Pi 設計開發的應用程式。

在開始創作音樂前，請先熟悉操作介面，瞭解各個面板有何用途，將會大有幫助。請最大化 Sonic Pi 的主介面視窗，方能看到完整的操作介面。

Sonic Pi 操作介面的主要元素，如圖 7-3 所示。

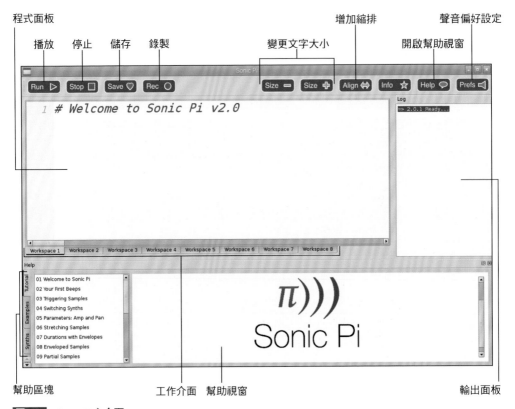

圖 7-3 Sonic Pi 主介面

- **程式面板**：這是 Sonic Pi 的主要面板，位於視窗左邊，可在此處輸入程式編輯音樂。
- **輸出面板**：位於主介面右上角，可看到程式執行時輸出的資訊。
- **工作介面**：你可以使用不同的工作介面創作並儲存程式。在這次冒險中，我們將會使用不同的工作介面來做各種練習。使用程式面板頂部的標籤，切換工作介面。
- **播放和停止按鈕**：點選這些按鈕，可以播放或停止你的音樂腳本。
- **儲存按鈕**：Sonic Pi 會自動儲存你的程式，但若希望把程式儲存為文字檔案，或是想改變儲存位置，使用頂部的儲存按鈕即可辦到。
- **錄製按鈕**：這個按鈕可將編寫的音樂錄製為聲音檔，以便在媒體播放器中播放。
- **大小及對齊按鈕**：藉此變更文字大小，或者將程式對齊編排，使其更易於閱讀，也更容易發覺錯誤。

- 幫助：Sonic Pi 2 提供了撰寫程式的協助資訊，此外也提供了範例程式可供嘗試。
- 偏好設定：可以從中變更音量，或者將聲音指定傳送到耳機或顯示器。

7.3 Sonic Pi發出第一聲

現在，我們已經熟悉 Sonic Pi 的操作介面，該是時候發出點聲音囉！在本章第一項範例專案中，你將會學習如何播放一個音符、合弦，然後學習如何加入時序，並且播放樂曲：一閃一閃小星星。

 這裡有個可供參考的影片，請到資源網站 www.wiley.com/go/adventuresinrp2E，點選 Videos 標籤，選擇 FirstSouns 檔。

1. 打開 Workspace1（工作介面 1），輸入下列程式：

```
play 60
```

點選頂部的「播放」按鈕，不僅會聽到音符的聲音，還會看到輸出面板顯示下面內容，如圖 7-4 所示。

```
synth :beep, {note: 60}
```

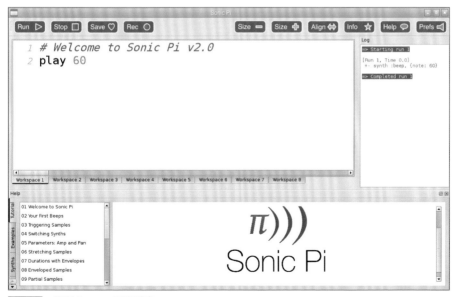

圖 7-4 使用 Sonic Pi 發出聲音

2. 請修改程式，讓它看起來像下面的樣子：

```
pley 60
```

點選「播放」按鈕，將不會聽到任何聲音，因為 Sonic Pi 發現語法錯誤，提示你拼錯了 play。你會看到錯誤訊息，如圖 7-5 所示。Sonic Pi 告訴你該處有個錯誤。

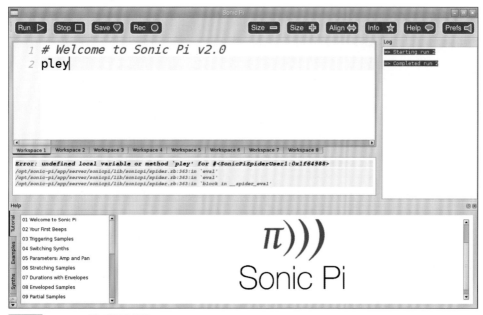

圖 7-5 Sonic Pi 發現語法錯誤

3. 將 pley 改回 play，修正錯誤。現在請輸入下列的程式碼，並嘗試播放這些音符：

```
play 67
play 69
```

點選「播放」按鈕，可聽到這些音符幾乎是同一時間播放出來，如同合弦一般。但如果你想要播放一閃一閃小星星之類的曲調，這並不是個好方式，因為所有的音符都同時播放。我們需要在音符序列中加入延遲時間，來解決這個問題。

4. 在程式裡每個音符之間，加入 sleep 0.5 延遲一小段時間，如下：

```
play 60
sleep 0.5
play 67
sleep 0.5
play 69
```

點選「播放」按鈕，聆聽結果，每個音符之間會相隔半秒。

在上面程式中，**play** 後面的數字代表著音符，每個音符都是鋼琴的一個按鍵（http://computermusicresource.com/midikeys.html）。**play 60** 實際上是 C 調，**play 69** 是 G 調。這些數字是 MIDI 制定的鍵盤音符編號。

在 **sleep** 後面的數字代表延遲時間，1 代表 1 秒，0.5 代表半秒。

MIDI（Musical Instrument Digital Interface、數位樂器介面）鍵盤，是種可以與電腦溝通傳輸的樂器。鋼琴的音符等同於 MIDI 鍵盤的音符，只是鋼琴用字母如 G、C、A 等標示音符，而 MIDI 鍵盤則採用數字標示音符。（事實上，MIDI 音符編號以半音為相隔單位，G、A、B 是全音，而 67、68、69 是半音。）

深入程式碼

你也許注意到了，Sonic Pi 所使用的程式語言，和之前介紹的屬於不同類型，實際上 Sonic Pi 提供的程式語言完全不同，叫做 Ruby。Ruby 程式語言和 Python、Scratch，都有著相同的程式概念，例如：條件判斷、迴圈、資料結構等等。

7.3.1　一閃一閃小星星

你現在已經寫出能夠演奏簡單曲調的音樂程式，如 C、G、A，或是說 60、67、69，請使用 **sleep** 將各個音符分隔開來進行播放，如圖 7-6 所示。

修改程式成下面的樣子，然後播放：

```
play 60
sleep 0.5
play 60
sleep 0.5
play 67
sleep 0.5
play 67
sleep 0.5
play 69
```

```
sleep 0.5
play 69
sleep 0.5
play 67
```

　　記住，Sonic Pi 會執行程式序列中的每一行，你可以繼續在下面撰寫其他音樂程式，但那將會得到一長串的 play 和 sleep，程式一增多，就變得難以閱讀，出現拼寫錯誤時，難以找出源頭。

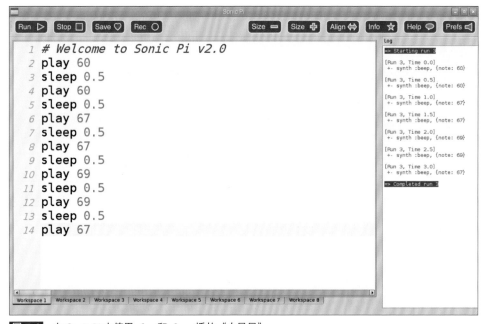

圖 7-6　在 Sonic Pi 中使用 play 和 sleep 播放《小星星》

　　此處可以使用資料結構（data structure）來重新改寫上面的程式碼。以此處情況而言，可以使用串列，類似冒險 4 和冒險 5 中所學到的 Python 串列，以方括號包含裡頭的元素，以逗號分隔元素。

在電腦科學領域中，資料結構（data structure）代表以某種形式儲存和組織資料，讓零散的資訊組織在一起。在串列或陣列中，例如：play_pattern[60, 67, 69]，由方括號框起來的，就是資料結構範例。請見圖 7-7。

在 Workspace2（工作介面 2）中輸入下列程式，然後播放：

```
play_pattern [60,60,67,67,69,69,67]
```

你將會發現，這麼寫也會播放同樣的音樂曲調，但是每個音符之間的延遲變得很長。為了縮短間隔時間，你可以設定每分鐘節拍（beats per minute，BPM）。請到工作介面 2 的最頂端、現有程式碼上面，加入下面這一行：

```
use_bpm 150
```

再次點選「播放」按鈕，會發現音符之間的時間間隔縮小了。在上面的程式碼中，數值 150 的意思是 1 分鐘內有 150 個拍子。

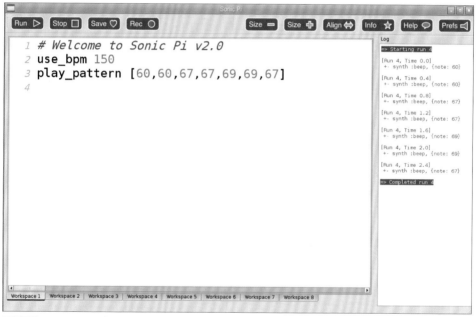

圖 7-7　在 Sonic Pi 中使用串列播放音符

7.3.2　使用迴圈重複

音樂曲調有些時候含有重複的小節或音符。例如：在《小星星》中，第三行和第四行的「掛在天上放光明」和「好像許多小眼睛」使用了相同的音符。在你的 Sonic Pi 程式中，可以重複輸入這些音符兩次，實作出上述效果，如下：

```
play_pattern [67,67,65,65,64,64,62]
sleep 0.5
play_pattern [67,67,65,65,64,64,62]
```

　　或者使用迴圈，取代上面的寫法：

```
2.times do
  play_pattern [67,67,65,65,64,64,62]
  sleep 0.5
end
```

挑戰

你能看著下面樂曲，翻譯成 MIDI 音符，以 Sonic Pi 重新寫出《小星星》的音樂程式嗎？想把一般音符翻譯為 MIDI 音符時，請參考這裡的表格：http://computermusicresource.com/midikeys.html。

每一行都可放進 play_pattern [] 資料結構中：

C C G G A A G（你已經完成這一行的音符）
F F E E D D C
G G F F E E D
G G F F E E D
C C G G A A G
F F E E D D C

你能否將歌曲的其他部分，翻譯為 MIDI 音符，然後在 Sonic Pi 中重現呢？
若想進一步挑戰自己，可嘗試使用變數定義音符，如下：

```
C=60
D=62
play_pattern[C,C,G,G,A,A,D]
```

　　所有在 do 和 end 之間的程式碼，將會被重複執行（播放）。上面程式中的 **2.time**，代表你想播放兩次。你應可看到 do 和 end 文字的顏色會自動變成藍色並加粗，如圖 7-8 所示，Sonic Pi 會使用顏色與高亮度來標記語法，讓程式碼更容易閱讀。在這個例子中，重點是把需要重複的程式碼放在 do 和 end 之間，所以 Sonic Pi 以高亮度強調這些關鍵字。

　　你可以修改數值 2 來控制迴圈執行的次數，例如：若希望播放 5 次，只要改成 **5.time do** 就可以了，然後別忘記在結尾寫上 end。如果你想要將特定的程式碼內容設定為永久性的迴圈，那麼可以輸入 loop do，接著是程式碼內容，最後再加上 end。

此處建立的《小星星》音樂程式，聽起來可能並不像預期的那樣好聽，你能說出如何修改，讓它變得更好聽嗎？

 當你在程式裡頭使用迴圈時，應保持良好習慣運用縮排，這麼做可讓程式更容易閱讀，尤其是在想要查找錯誤的時候。所有處於 do 和 end 之間的程式，都需要縮排。請按下位於視窗右上角的縮排按鈕，來自動縮排程式碼。

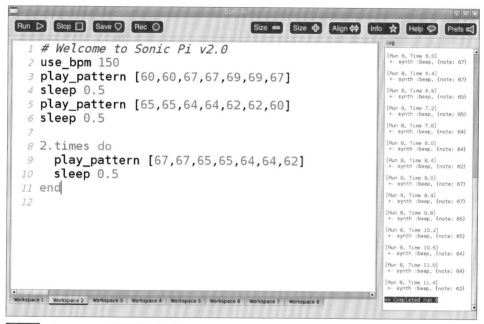

圖 7-8 在 Sonic Pi 中使用迴圈重複執行程式碼

7.4 第一道電子音軌

是時候走出兒歌旋律，運用 Sonic Pi 創作更酷炫的電子動感音樂。在此節範例專案中，你將會建立出完整的一首歌，採用之前提過的電子藝術家風格。請打開新的工作介面，並照著下面步驟，創作更酷的音樂吧！

VIDEO 視訊資料　這裡有個可供參考的影片，請到資源網站 www.wiley.com/go/adventuresinrp2E，點選 Videos 標籤，選擇 ElectronicMusicTrack 檔。

7.4.1　使用不同的音樂合成器

到現在為止，我們一直使用預設的音樂合成器，其名為 beep。使用 **use_synth** 指令便可以改變合成器，如下所示，於冒號後加入指定的合成器名稱（本例是 **fm**）：

```
use_synth :fm
```

這一行程式，必須放在播放指令、資料結構體或是延遲時間之前，如下：

```
use_synth :fm
5.times do
  play 49
  sleep 1
end


use_bpm 150
use_synth :beep
2.times do
  play_pattern [67,67,65,65,64,64,62]
  sleep 0.5
end
```

圖 7-9 顯示在 Sonic Pi 中使用不同的音樂合成器。

在這個例子中，將會聽到使用 fm 合成器播放了 5 遍的 MIDI 音符 49 號，然後播放串列中的音符，使用 beep 合成器，播放 2 遍。

若想取得 Sonic Pi 2 可用的完整合成器清單，可點選「幫助」按鈕，再從側邊選單中選擇「Synths」。

Sonic Pi 今後還會再加入更多的音樂合成器，所以如果你想要的話，請保持 Sonic Pi 更新為最新版本，指令是 **sudo apt-get update**。

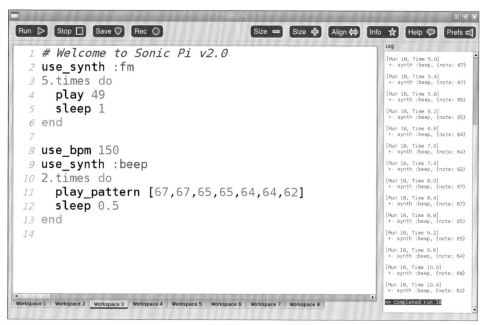

圖 7-9 在 Sonic Pi 中使用不同的音樂合成器

7.4.2 使用預先錄製的樣本

在 Sonic Pi 中，你不僅可以使用簡單的音符來創造音樂，還可以透過樣本來製作。所謂樣本就是預先錄製的聲音、旋律，讓你可以加入到程式裡。輕輕鬆鬆就能夠為你的音樂增添豐富性！

使用樣本的方式是 sample : 樣本名稱，然後便加入到指定的程式位置裡。

在以下範例裡，misc_burp 即是樣本的名稱：

```
loop do
  sample :misc_burp
  sleep 1
end
```

Sonic Pi 提供了許多可供嘗試的樣本。請點選上方的「Help」按鈕，接著於側邊選單中選擇「Samples」，就能找到可用的樣本名稱（見圖 7-10）。

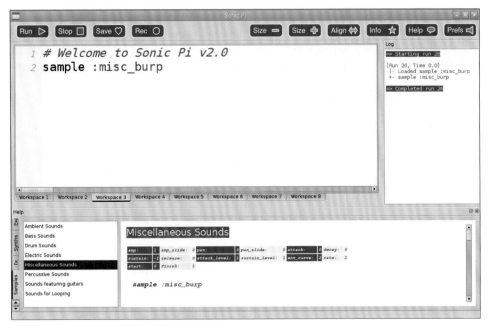

圖 7-10 從幫助視窗中尋找可用的樣本

　　運用樣本的方式可以是變化多端且樂趣無窮的。舉例來說，你可以為打嗝聲做些變化，加入以下以粗體標示的程式碼至程式中：

```
n = 2
loop do
  n = n - 0.2
  sample :misc_burp, rate: n
  sleep 1
end
```

　　然後點選「Play」，來聽聽看打嗝聲變得如何。

　　在這項範例中，首先存在一個變數，其存放的數值為 2，接著它的數值會在迴圈裡持續變化。預設的播放速率為 1，然而在迴圈中，樣本播放速率會逐次減去 0.2，而聽到的結果就會因此出現變化。你可以對任何的 Sonic Pi 樣本做出相同的修改。

7.4.3　創作令人意外的音調

　　到目前為止，我們以循序方式執行音樂程式，使用迴圈重複某一段，該是增加有趣元素的時候了，接下來將要使用條件判斷加入分叉點。之前的冒險 3 和冒險 5 中，已曾分別在

Scratch 和 Python 程式裡使用條件判斷。設定條件判斷的話，便能走向不同的曲徑，如同身處道路轉運站。

請在目前的工作介面裡，輸入下列程式碼，看看會發生什麼事，如圖 7-11 所示。

```
10.times do
  if rand < 0.5
    play 42
  else
    play 30
  end
  sleep 0.25
end
```

第一行是個迴圈，在 do 和 end 之間的所有程式，將會被重複播放 10 遍。第二行是個條件判斷，這裡使用的條件如同拋擲硬幣，rand 就是 random 的意思，它會回傳介於 0 到 1 之間的亂數。如果回傳值小於 0.5，播放 MIDI 音符 42；如果值大於 0.5，則會播放 MIDI 音符 30。不管是哪種情況，都只會執行一行 play 程式碼。為了完成條件判斷程式，最後須加上 end。每一次迴圈執行時，都會產生新的亂數。

如果產生的亂數值剛好為 0.5，將會如何呢？這個條件是真是假？

7.4.4　使用rand隨機播放

rand 還有其他有趣的用法，例如：可以用來隨機播放音符。

在條件判斷後面、end 的前面，加入下列的程式碼：

```
3.times do
  play 60 + rand(10)
  sleep 0.5
end
```

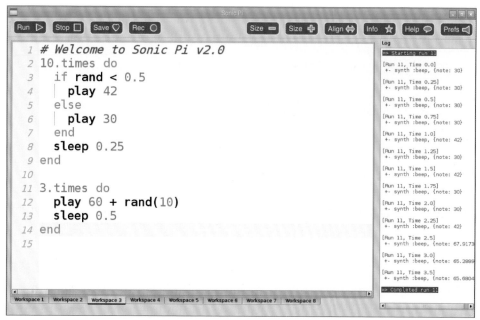

圖 7-11　在 Sonic Pi 中使用條件判斷與亂數

　　第一行開始迴圈，所有被包含在 do 和 end 之間的程式、將會被迴圈執行三次。下一行使用運算式來算出將要播放的音，程式 play 60 + rand (10) 會隨機播放介於 60 到 69 之間的音符，因為加了 rand (10)，意思是說隨機產生介於 0 到 9 之間的亂數。

　　這麼做會讓音樂變得更加有趣，尤其是在迴圈中，在你指定的音符之後，每一次都會隨機播放出另一個音符。

7.4.5　使用演算法

　　我們不需要經常撰寫新程式來為程式增加功能，也可以使用已內建的演算法（algorithm），例如下列的程式：

```
play_pattern [60,72,65,80].sort
```

　　這一行示範如何使用 Sonic Pi 內建的演算法，當程式執行之時，演算法會把列表中的音符以升冪形式進行排列。

　　你也可以使用 .reverse 來反向排列音符，使用 .shuffle 隨機排列串列中的音符，如下列的程式。

```
use_bpm 150
loop do
  if rand < 0.5
    play_pattern [60,62,65]
  else
    play_pattern [60,62,65].reverse
  end
  sleep 0.125
end
```

在這段程式中，如圖7-12，在條件判斷語句中使用reverse，所以當亂數小於0.5的時候，將會播放音符 60、62 和 65。如果條件為假，則會反向播放上面的音符。

演算法（algorithm）就是一系列制定好的運算規則，讓我們能加以運用、解決問題。一般演算法常用來排序、分類資料和資訊，你可瀏覽網站 www.sorting-algorithms.com，看看排序演算法的動畫展示。與其自己撰寫一系列的規則來排序音符，內建的演算法更加簡單易用，例如：你可以使用既有的排序演算法 .sort。

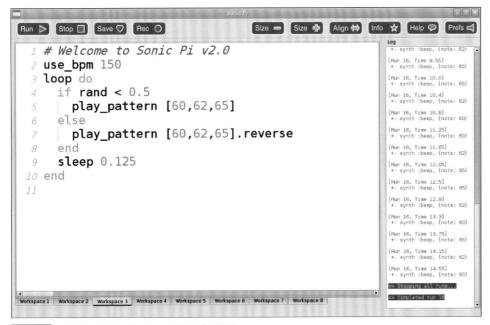

圖 7-12　使用演算法改變串列中音符的排列順序

7.4.6　同時執行兩個腳本檔

電子合成音樂，一般來說都含有重複的節拍，讓你可以跟著音樂搖頭晃腦或者跳舞，通常會和優美的旋律同時播放。彈鋼琴也是類似的原理。一隻手用於演奏音樂的主音符，通常位於低八度，另一隻手則演奏不同的音符序列。

在 Sonic Pi 中，我們可使用 threads 來同時執行多個音樂腳本，與 Scratch 的作法很類似。把第一段旋律包在 in_thread do 和 end 之間。例如：

```
in_thread do
  loop do
    sample :drum_heavy_kick
    sleep 0.5
  end
end
```

接下來，撰寫第二段旋律，如圖 7-13 所示。

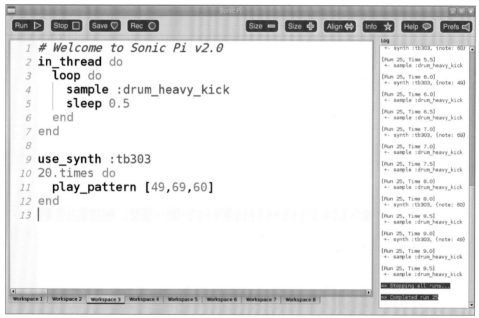

圖 7-13　使用 threads 同時播放多段曲調

即使這段程式是位於第一段程式之後，也會同時播放，就像是兩隻手同時彈奏鋼琴。

```
use_synth :tb303
20.times do
```

```
  play_pattern [49,69,60]
end
```

7.4.7　增加效果

現代的電子合成器都能夠為聲音增加效果，Sonic Pi 也是如此，你可以從中加入諸如殘響、迴音及破音等專業效果。

在程式碼中增加效果的方式是使用 **with_fx** 加上效果名稱及 **do**，最後再使用 end 包裹起來，如下所示：

```
with_fx :reverb do
  sample :guit_e_fifths
end
```

你也可以在效果之上再增加其他效果，同樣用 **do** 及 **end** 包裹起來，範例如下：

```
with_fx :reverb do
  with_fx :distortion do
    sample :guit_e_fifths
  end
end
```

完整的效果清單可至 Help 視窗的 FX 項目中查閱，可試著在你的音樂裡多加利用這些效果。

7.4.8　錄製音樂

創作出來的樂曲若是想要在其他裝置上播放，或是分享給家人朋友，該怎麼辦呢？一種方式是使用「儲存」按鈕，將程式儲存為文字檔再傳送給其他人，而他們只要將程式碼貼上到 Sonic Pi 即可播放。至於另一種方式則是將音樂錄製下來。

當你已經在工作介面上編寫好音樂後，先按下「Record」按鈕，然後再很快地按下「Play」按鈕。當音樂播放完畢後，再按一次「Record」按鈕便會停止錄製。接著你得為檔案命名並儲存，其檔案格式為 .wav（見圖 7-14），使你能夠在許多不同的電子裝置上順利播放這個檔案。

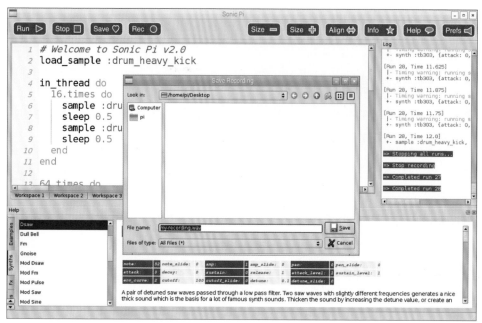

圖 7-14　將編寫好的音樂儲存為聲音檔

7.5　繼續Sonic Pi學習之旅

如果你很享受以 Sonic Pi 和程式語言 Ruby 創作音樂的過程，可繼續深入 Sonic Pi 的學習之旅。下面列出我整理後的有用資源：

- Sonic Pi 網站（http://sonic-pi.net）。
- Kids Ruby 網站（www.kidsruby.com）。
- Live Coding Music（http://toplap.org/category/music）。
- Ruby 官方文件（www.ruby-lang.org/en）。
- Sonic Pi: Live & Coding（www.sonicpiliveandcoding.com）。

Sonic Pi 指令快速參考表

指令	描述
in_thread do ... end	裡頭的音符與其他 in_thread do 程式中的音符，將會同時播放
play x	播放音符 x
play_pattern [60, 60, 67, 67, 69, 69, 67]	播放串列中的音符

Sonic Pi 指令快速參考表	
指令	描述
rand	回傳亂數
.reverse	反向排列串列中的音符
.shuffle	隨機排列串列中的音符
sudo apt-get install sonic-pi	在命令列介面裡下載並安裝 Sonic Pi
with_synth "fm"	設定合成器，這個例子使用了 fm 合成器
use_bpm	設定音符的播放節拍
X.times do ... end	迴圈，執行裡頭的程式 x 遍

解鎖成就：你已經能夠在 Raspberry Pi 上使用 Sonic Pi 創作音樂！

關於下一個冒險…

在下一次冒險中，你將知道 Raspberry Pi 不僅僅可用來撰寫程式，只要再加上基礎的電子學知識，就能夠自己組裝電路、控制電燈，甚至是把棉花糖當作按鈕來操作電腦遊戲，這一切都要歸功於 Raspberry Pi 的 GPIO 介面。

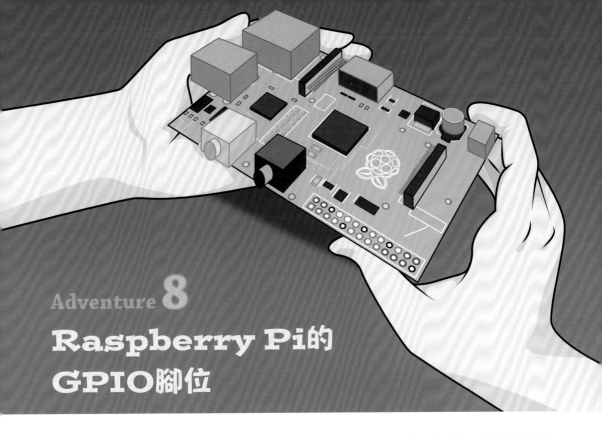

Adventure 8

Raspberry Pi的
GPIO腳位

Raspberry Pi 擁有 GPIO（通用型輸入輸出介面）腳位，這是 Pi 的獨特之處，我們能透過程式控制這些腳位的行為！操控這些腳位，你便能探測或控制真實世界中的其他東西，例如：電燈或開關。這些腳位就位於 Raspberry Pi 電路板子上，如圖 8-1 所示。

在此次冒險中，你將會學習電子電路基本知識，然後探究如何使用輸出（output）模式控制 LED（發光二極體）點亮或熄滅。在最後的專案中，將會介紹使用輸入（input）模式來取得按鍵資訊，進而能夠控制 Scratch 棉花糖遊戲。

輸入（input）指未經處理的信號進入電腦系統，如 Raspberry Pi，按鍵或耳機就是輸入裝置的兩個例子。Raspberry Pi 擁有能夠與這些裝置相互連接的介面。

輸出（output）則是指電腦系統處理過的信號送出來與你溝通，揚聲器和顯示器就是輸出裝置的兩個例子。

GPIO 腳位

圖 8-1　Raspberry Pi B+ 上面的 GPIO 腳位

8.1　Raspberry Pi的腳位定義圖

　　Raspberry Pi 專案可運用 GPIO 介面，允許你使用電子電路概念和技術，以電子訊號來控制外界事物，例如：點亮 LED 燈。每個腳位各自擁有許多不同的功能，在這次冒險中，將會介紹各個腳位有何功能。

　　Raspberry Pi B 的 GPIO 腳位功能排列有兩個版本，B+ 版有更多的腳位，不過在本章裡只會使用到頭 26 個腳位。在後面的內容中，將會介紹如何判斷你的 Raspberry Pi B 是Rev1（第一版）還是 Rev2（第二版）。在你開始練習這次冒險的內容之前，必須先查知版本資訊和腳位功能排列，這點非常重要。圖 8-2 是 Raspberry Pi B+ 的腳位功能圖，共40 個腳位，其中頭 26 個腳位的排列和 B Rev2 是相同的。當你連接導線的時候，應當參考此圖，然後在程式裡選擇相對應的腳位。

Function/GPIO	J8 Pin		Function/GPIO
3.3V	1	2	5.0V
GPIO2	3	4	5.0V
GPIO3	5	6	0V
GPIO4	7	8	GPIO14
0V	9	10	GPIO15
GPIO17	11	12	GPIO18
GPIO27	13	14	0V
GPIO22	15	16	GPIO23
3.3V	17	18	GPIO24
GPIO10	19	20	0V
GPIO9	21	22	GPIO25
GPIO11	23	24	GPIO8
0V	25	26	GPIO7
(GPIO0) ID_SD	27	28	ID_SC (GPIO1)
GPIO5	29	30	0V
GPIO6	31	32	GPIO12
GPIO13	33	34	0V
GPIO19	35	36	GPIO16
GPIO26	37	38	GPIO20
0V	39	40	GPIO21

圖 8-2　Raspberry Pi B+ 版本的 GPIO 腳位功能圖

至於 Rev1 的腳位功能圖，可到此處查詢：http://pi.gadgetoid.com/pinout。

如果你使用 Rev1 的 Raspberry Pi，仍然可以參考之後的程式碼，但是一定要確認，查表的時候你應該看的是 Rev1 的腳位選單，而不是此處的 Rev2。

為了能夠輕鬆區別 GPIO 腳位，Simon Monk 博士製作了 Raspberry Leaf 參考表，其實就是為每個腳位取了名字，你可以將這張表剪下來，然後插入 Raspberry Pi 的 GPIO 腳位。請下載並列印，然後剪開、插入你的 Raspberry Pi，這是非常好的作法，幫助你快速找出冒險旅程中需要使用的腳位。可到 Raspberry Pi 官方網站或 Simon Monk 博士的個人網站（www.doctormonk.com/2013/02/raspberry-pi-and-breadboard-raspberry.html）下載這張表的圖片檔。Simon Monk 博士分別為 Rev1 和 Rev2 製作了腳位功能圖，請確認你下載正確的版本。雖然這也可以用於 Raspberry B+ 版，不過只適用於其中頭 26 個腳位，請見圖 8-3。

3.3V ○○	5V
2 SDA ○○	5V
3 SCL ○○	GND
4 ○○	14 TXD
GND ○○	15 RXD
17 ○○	18
27 ○○	GND
22 ○○	23
3.3V ○○	24
10 MOSI ○○	GND
9 MISO ○○	25
11 SCKL ○○	8
GND ○○	7

圖 8-3 B Rev2 版本的 Raspberry Leaf 圖

你也可以為 Raspberry Pi 購買一個包含 GPIO 腳位圖的特製外殼，藉此幫助你更容易地識別出那些腳位。舉例來說，可以從 Pimoroni 購買一個名為 Coupe 的外殼（**http://shop.pimoroni.com/products/b-pibow-coupe**）。

當你連接導線到 Raspberry Pi 上時，須特別小心。原因有兩個：第一，你需要保護自己不受傷害；第二，Raspberry Pi 是 3.3v 的裝置，如果連接任何超過 3.3v 的線路，那麼就有可能損壞微處理器甚至燒壞 Raspberry Pi。還有一點非常重要，那就是在連接導線的時候，一定要確認連接到正確的腳位，所以必須時時參照 GPIO 腳位功能圖。

8.2　基礎電子知識

當你開始使用 Raspberry Pi 的 GPIO 介面，就會覺得走進嶄新的世界，如果在此之前你沒有任何電子電路的基礎，請跟隨下面的內文介紹，迅速瞭解本章所涉及的基本電子電路知識吧！首先需要學習的知識就是基本電子學概念和基本的電子零件。

- 電流（**Current**）：根據科學定義，流過電路橫截面的電量叫做電流強度，簡稱電流。通常用字母 I 表示，單位是安培（A），較弱的電流則常用毫安培（mA）。

- 電壓（**Voltage**）：也稱作電勢差或電位差，此物理量衡量單位電荷在靜電場中由於電勢不同所產生的能量差。就如同水管裡存在水壓一樣，有了水壓才有水流，在電路中也是同樣的原理。單位是伏特（V）。

- 電阻器（**Resistors**）：在日常生活中一般直接稱為電阻，是個限流元件。把電阻接在電路中，電阻器的阻值是固定的，一般來說，會有兩個腳位，可限制通過的電流大小。舉個例子，LED 燈不能通過較大的電流，否則會燒壞，所以應該與電阻器串聯，達到限制電流的目的，從而保護 LED 不被燒壞。電阻的單位是歐姆（Ω）。在電路中使用電阻的時候，應當確認選擇正確的阻值。一般色環電阻的阻值標示在電阻器外殼上，以顏色環來表示，在這次冒險中，你將會學習如何閱讀色環，算出電阻值。

- 二極體（**diode**）：在電子元件當中，這是一種具有兩個電極的裝置，一個叫做陰極，一個叫做陽極。只允許電流由單一方向流過，也就是從陽極流向陰極。

- 發光二極體（**light-emitting diode**）：或者稱之為 LED，電流流過 LED 時，可發出光芒。LED 是輸出零件的典型例子，只允許電流從一個方向流過，擁有很多種不同的顏色，腳位有兩個，一長一短，便於讓你區分陰極、陽極。這次冒險將會使用 LED 燈。

- 電容器（**capacitor**）：能夠容納電荷的零件。電容的單位是法拉（F）。一法拉是非常大的單位，所以一般電容器都是用毫法（mF）來標記，或者是微法（μF）。

- 麵包板（**breadboard**）：板子上有很多小插孔，很像麵包的小孔，故此得名。專為無需焊接的電子電路實驗所設計製造，由於各種電子零件可根據需要隨意插入或拔出，免去焊接作業，節省電路的組裝時間，而且零件可以重複使用，所以非常適合電子電路的組裝、試驗和訓練。在圖 8-4 所示的麵包板中，處於麵包板兩端，藍色和紅色的兩列是電源和接地，紅色列一般用於正極，藍色列一般用於負極。這次冒險中，將會使用麵包板。

- 跳線（**Jumper cables**）：電子領域的跳線，可用於實驗板的腳位擴充，增加實驗項目等。可以非常牢靠地和插針連接，無需焊接，便可迅速試驗電路功能。一般會有不同的配對形式，如公對公、母對母和公對母。

- 電路圖（**circuit diagram**）：用電路元件符號表示電子線路的示意圖，叫做電路圖。電路圖是人們為了研究、專案規劃的需要，採用物理電學標準化的符號所繪製，表示各零件組成以及線路關係的連接圖。由電路圖可以得知元件間的工作原理，為分析性能、安裝電子、電器產品提供規劃方案。在設計電路時，工程師可從容地在紙上或在電腦上進行，確認無誤後再實際安裝，檢查改進，修復錯誤，直至成功。這次冒險將需要閱讀電路圖，瞭解各零件的工作原理。

圖 8-4 秀出小尺寸的麵包板、跳線、發光二極體、按壓開關和一些電阻器。

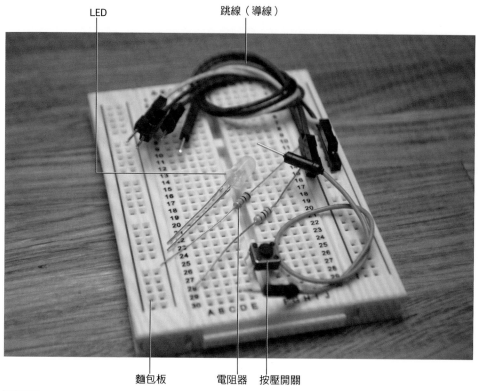

LED

跳線（導線）

麵包板　電阻器　按壓開關

圖 8-4　電子零件

8.3　使用Python程式庫控制GPIO介面

　　為了能夠使用 Python 控制 GPIO 腳位，首先需要安裝 Python 的 GPIO 程式庫，裡頭包含大量已經寫好的程式，可供你使用。例如：程式庫裡包含了你能夠使用的模組，就像之前學到的 **time** 模組中的 **sleep** 函式。在這次冒險中，將會使用 GPIO 程式庫讀取或是控制 GPIO 腳位。請打開 LXTerminal，輸入下列的指令，檢查是否已經安裝 Python 的 GPIO 程式庫：

```
sudo apt-get install python-RPi.GPIO
```

　　Raspberry Pi 應已預先安裝好 Python 的 GPIO 程式庫，如果你使用較早版本的 Raspbian 或其他作業系統，則需要自行下載並安裝。請參考圖 8-5 所示的內容來安裝 Python 的 GPIO 程式庫。

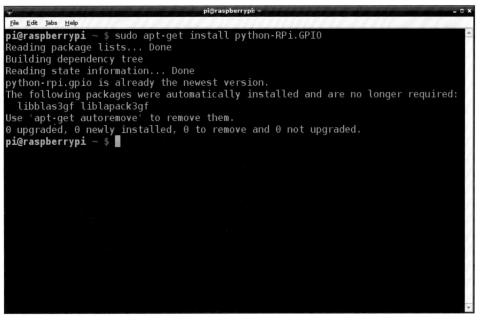

圖 8-5 下載並安裝 Python 的 GPIO 程式庫

8.4　你的板子是Rev1還是Rev2？

如同先前所述，Raspberry Pi B 的 GPIO 腳位功能規格有兩個版本：較早的 Rev1 和新版的 Rev2。在你開始本節的練習之前，請務必確認 Raspberry Pi 的 GPIO 版本，判斷方式很簡單。

在 LXTerminal 視窗中，輸入下列指令：

```
sudo python
import RPi.GPIO as GPIO
GPIO.RPI_REVISION
```

使用 sudo 取得超級使用者權限來執行 Python，才能夠存取 GPIO 的硬體部分，普通使用者的權限是做不到的。

在這段指令的第一行，首先以互動模式執行 Python 直譯器，然後第二行以 import 匯入 RPI.GPIO 程式庫，最後一行則會秀出你的 Raspberry Pi 是哪個 GPIO 版本。圖 8-6 秀出這段指令程式和輸出內容，從圖中可看到回傳值是 2，代表這台 Raspberry Pi 的版本是 Rev2。

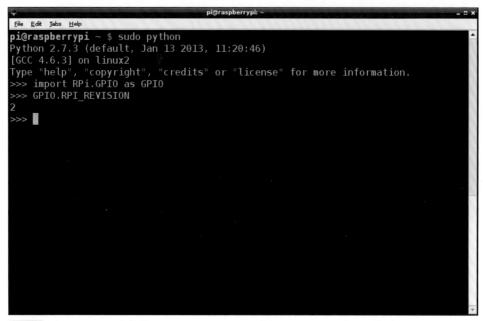

圖 8-6　在 LXTerminal 中查看 GPIO.RPI_REVISION 可得知 Raspberry Pi 的 GPIO 版本

輸入下列的程式可關閉 Python 直譯器：

```
quit()
```

8.5　讓LED閃爍

現在，我們已經安裝好 Python 程式庫，可以開始使用 GPIO 腳位來做點事情。在這項專案中，將會試著控制 LED，並且讓它閃爍。

除了 Raspberry Pi，還需要下列零件（見圖 8-7）：

- 麵包板。
- 2 條跳線。
- LED。
- 330 歐姆的電阻器。

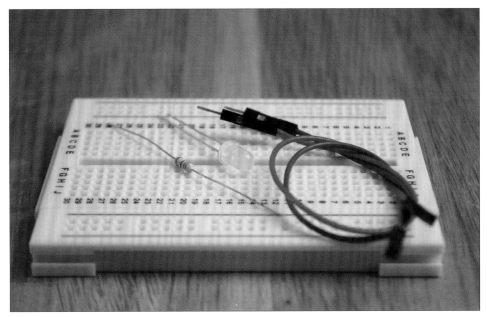

圖 8-7　閃爍 LED 所需零件

可到下面商店，購買所需的零件：

Adafrtit —www.adafruit.com

CPC Farnell—http://cpc.farnell.com

RS Components—http://uk.rs-online.com/web

SKPang—www.skpang.co.uk

8.5.1　撰寫Python程式讓LED閃爍

專案的第一部分，要撰寫能夠讓 LED 閃爍的 Python 程式。

這裡有個可供參考的 LED 閃爍專案影片，請到資源網站 www.wiley.com/go/ adventuresinrp2E，點選 Videos 標籤，選擇 LEDblink 檔。

1. 打開 Python IDLE 3，點選「檔案（File）→新視窗（New Window）」，產生出空白的
   文字檔案，撰寫控制 LED 的程式。

輸入下列的程式碼到文字編輯視窗：

```
import RPi.GPIO as GPIO
import time
```

這兩行程式會匯入此處需要的模組，用於控制 GPIO 腳位和 LED 不同狀態之間的延遲。
（我們曾在冒險 5 中使用 time 模組，在文字冒險遊戲和存貨程式中等待使用者輸入。）

2. 下列的程式碼要設定 GPIO 腳位編號和工作方式，以及 GPIO 腳位的編碼方式，BCM 或
是 BOARD（詳見之後的「深入程式碼」），然後，你就可以在 Raspberry Pi 上面設定
一個獨立的腳位。

```
GPIO.setmode(GPIO.BCM)
GPIO.setup(24, GPIO.OUT)
```

在這個專案中，要向一個 LED 輸出訊號，因此需要把 GPIO 腳位設為輸出模式，此處
使用函式 GPIO.setup(the GPIO number, GPIO.OUT) 來下達指令。

3. 接著使用 while True 迴圈，向 GPIO24 腳位輸出高電壓，持續一秒，然後輸出低電壓，
持續一秒。這個迴圈會不斷地執行，LED 燈就會以 1 秒的間隔時間閃爍。

```
while True:
    GPIO.output(24, True)
    time.sleep(1)
    GPIO.output(24, False)
    time.sleep(1)
```

4. 儲存該檔到 Documents 目錄，命名為 LEDblink.py。

深入程式碼

你也許不太明白第二步中的 GPIO.setmode(GPIO.BCM)，因為在 Python 的
GPIO 程式庫中，有兩種 GPIO 腳位編碼方式，分別是 BCM 和 BOARD，設為
你希望使用的編碼方式，非常重要，BOARD 的意思是 GPIO 編碼方式，參照對
象是 GPIO 腳位在 PCB 上面的排列，也就是 PCB 板子上排針插座的編號；而
BCM 編碼方式則是參照 Raspberry Pi 核心控制器腳位的功能（這個編碼方式不
同於 PCB 上面的實體腳位編號）。在這次冒險中，我們使用 BCM 編碼方式，所
以需要在開頭處使用 GPIO.setmode(GPIO.BCM) 來設定 GPIO 腳位的編碼方式。
如果要使用 BOARD 編碼方式，只要改成 GPIO.setmode(GPIO.BOARD) 就可以
了。

8.5.2 連接LED零件

在開始執行程式之前,你需要把這些電子零件組合在一起,並連接到 Raspberry Pi 的 GPIO 腳位。圖 8-8 顯示 Raspberry Pi 在左邊、麵包板在右邊,請參照這張圖,並跟隨下面的步驟,確認每條接線都正確無誤。

 提前說明一下,下面步驟都是針對 Rev2 版本,如果你使用 Rev1 版本,則需要參考 Rev1 的 GPIO 腳位功能圖。若連接錯誤,可能會對 Raspberry Pi 造成損害,甚至發生危險。

1. 首先找一條公對母的跳線,母頭插在 Raspberry Pi 的 GPIO 24 腳位,另一頭插在麵包板的 A10 孔洞(如圖 8-8 中的紅線)。在接線過程中,若使用不同顏色的跳線,會更容易區分。請溫和地把跳線插入 Raspberry Pi 的 GPIO 針腳,並確保連接穩固。

2. 接下來,用另外一條公對母的跳線,母頭插在 GPIO 的接地腳位。有些時候,接地腳位在 GPIO 腳位功能圖中會被標示為 GND(如圖 8-8 中的藍線)。記住請使用 Monk 博士的 Raspberry Leaf,可以幫助你正確地連接線路。

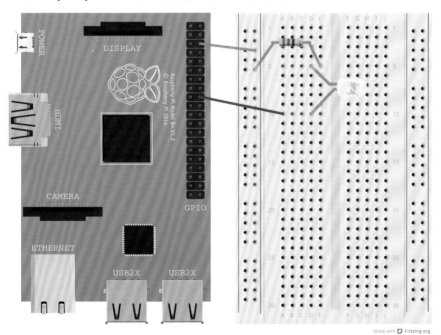

圖 8-8　閃爍 LED 實驗中 Raspberry Pi 和零件的連接線路圖

3. 該跳線的另一頭，插到麵包板上紅線和藍線之間的第二列上。記住麵包板上處於紅線和藍線之間的是電源和接地線路，紅色的是正極，藍色的是負極。你需要把藍色跳線的另一端、插在第三行的地方，如圖 8-8。

4. 加入 330 歐姆的限流電阻，其一端插入麵包板的 E5 孔，另一端插入藍色列第五行的地方。至於你想要把電阻扭成什麼樣的形狀，都不影響結果。

記住，LED 只允許電流從一個方向流過，所以如果要讓 LED 運作，必須把長腳插入和 GPIO 24 腳同一行的孔中，我選了 D10 孔。另一短腳必須插入和電阻腳同行的孔中，我選了 D5 孔。請參考圖 8-8 進行接線作業。

8.5.3 以超級使用者的身分執行Python程式

如果你沒有超級使用者權限，就無法執行此處的程式。在前面的章節中，當你建立 Python 程式的時候，只要到 Python 直譯器裡點選「執行（Run）→執行模組（Run Module）」便可執行程式。

但是，如果這裡也如此執行 LEDblink 程式，將會出現錯誤訊息，提示你沒有足夠的權限。Raspberry Pi 的硬體資源只能夠由超級使用者 root 存取，而不是你登入的帳戶 pi。請使用 sudo 來暫時取得超級使用者權限，這樣一來，毋須重新登入也可進行操作。打開 LXTerminal 視窗，然後輸入下列指令，把工作目錄切換到程式存放位置：

```
cd Documents
```

然後輸入下列指令執行程式：

```
sudo python3 LEDblink.py
```

發生了什麼事呢？是不是很酷！

按下 Ctrl + C 可終止程式。程式如圖 8-9 所示。

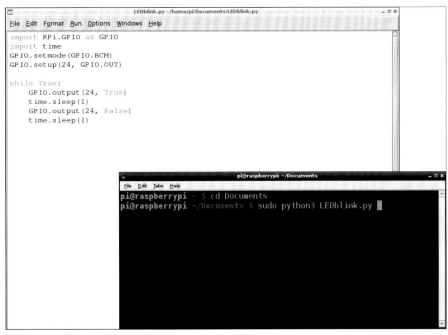

```
import RPi.GPIO as GPIO
import time
GPIO.setmode(GPIO.BCM)
GPIO.setup(24, GPIO.OUT)

while True:
    GPIO.output(24, True)
    time.sleep(1)
    GPIO.output(24, False)
    time.sleep(1)
```

```
pi@raspberrypi ~ $ cd Documents
pi@raspberrypi ~/Documents $ sudo python3 LEDblink.py
```

圖 8-9　　在 Raspberry Pi 上使用 Python 3 撰寫 LED 閃爍的程式

8.6　以按壓開關來控制LED

到目前為止，你已經能夠控制 LED 了，LED 是個輸出零件。在這一小節中，則要加入輸入零件—按壓開關，當你按下時，就會觸發 LED。

這一小節所需零件如下：

- 麵包板。
- 6 條跳線。
- 按壓開關。
- LED 燈。
- 330 歐姆電阻器，用於保護 LED。
- 10k 歐姆電阻器，用於按壓按鍵。

這裡有個可供參考的以按壓開關來控制 LED 專案影片，請到資源網站 www.wiley.com/go/adventuresinrp2E，點選 Videos 標籤，選擇 LEDbutton 檔。

8.6.1 撰寫以按壓開關控制LED的Python程式

在 Python IDLE 3 中，修改之前的 **LEDblink** 程式，加入下列程式（用粗體顯示的部分）：

```
import RPi.GPIO as GPIO
GPIO.setmode(GPIO.BCM)
import time

GPIO.setup(23, GPIO.OUT)
GPIO.setup(24, GPIO.IN)
```

挑戰

為什麼下列的程式要加上 time.sleep(0.1) 秒的延遲呢？如果移除，會發生什麼事？請動手試試看，自行探索！

如同以往，要把 GPIO 23 腳位設為輸出模式，同時需要把另一個 GPIO 腳位設為輸入模式，負責檢測按壓開關，此處使用 GPIO 24 來實現這個功能：

```
while True:
  if GPIO.input(24):
    GPIO.output(23, True)
  else:
    GPIO.output(23, False)
  time.sleep(0.1)
```

在之前的專案中，使用 **while True** 迴圈週期性地把 LED 燈打開和關閉，但是在這個程式中，只希望在按下開關時才點亮 LED。因此需要條件判斷，可使用 **if** 來達成；如果按壓開關被按下（GPIO.input(24)），就點亮 LED（GPIO.output(23)），但這只是條件的一部分，還需要另一個條件來判斷按壓開關沒有被按下，否則 LED 的狀態該怎麼辦呢？在這個部分，可使用 **else**，行為應當是熄滅 LED。

儲存檔案到 **Documents** 目錄，並命名為 **buttonLED.py**。

8.6.2 連接按壓開關和LED零件

如同讓 LED 閃爍的專案一樣，在執行程式之前，首先需要把電子零件和 Raspberry Pi 的
GPIO 腳位連接在一起，如果你還保持著之前接好的線路，那麼現在只需要再增加按壓開
關的部分就可以了。圖 8-10 秀出 Raspberry Pi 在左邊，麵包板在右邊，請根據下列步驟和
連接圖，完成電路連接。

1. 首先確認之前的電路已經接好。然後拿出按壓開關，放在麵包板中央，橫跨中央的凹
   槽，兩個腳位在 E 列，另兩個腳位在 F 列，分別位於 21 行和 23 行，如圖 8-10 所示。

2. 按壓開關放好之後，拿出 10k 歐姆的電阻器，其一腳插入 D21 孔，另一腳插入藍色列
   的孔洞（電源負極）。

3. 接下來，使用一條公對公的跳線（綠色），其一端插在 A23 孔，與 E 列腳位位於同一
   行的位置上，另一端插在紅色列的孔洞（電源正極）。

4. 公對母的跳線（黃色），連接 A21 孔和 Raspberry Pi 的 24 號 GPIO 腳位。

5. 最後，使用一條公對母的跳線（黑色），連接紅色列的孔洞到 GPIO 的 3V3 腳位，它負
   責為外部電路提供電源。

如果你使用 Rev2 版本的 Raspberry Pi，可直接參考圖 8-10 進行連接。

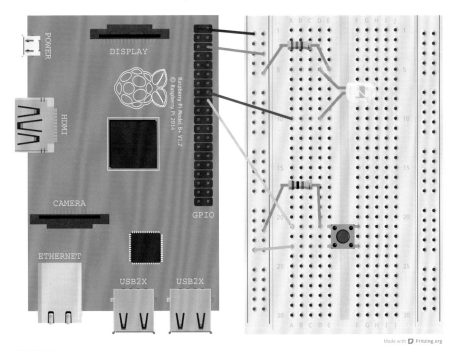

圖 8-10 按壓開關與 LED 實驗中 Raspberry Pi 和零件的線路圖

8.6.3　以超級使用者的身分執行Python程式

如同之前所述，需要具備超級使用者權限，才能執行這個 Python 程式。請開啟 LXTerminal 視窗，輸入下列指令執行程式：

```
sudo python3 buttonLED.py
```

按下開關時，LED 會亮，如圖 8-11 所示。LED 在沒有按下開關時是不會點亮的。如果在你按下開關後 LED 沒有點亮，或是在沒有按下開關的時候 LED 卻亮起，請參照上面的電路圖，檢查你的線路連接是否有誤。

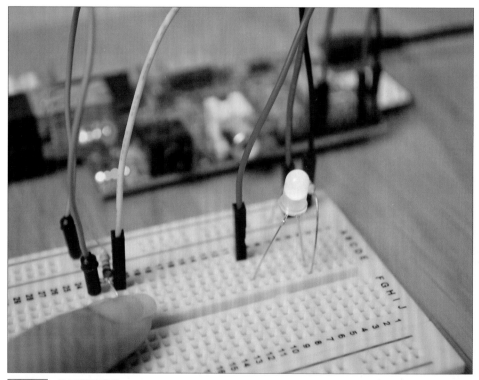

圖 8-11 按下開關點亮 LED

挑戰

嘗試修改你的程式，讓開關第一次按下後點亮 LED，持續點亮，等到第二次按下時，才熄滅 LED。

8.7 棉花糖挑戰

使用 Raspberry Pi 的 GPIO 腳位來建構電子專案，應是最好的學習方式，在學習過程中，我們可以享受種種樂趣。在此小節的範例專案裡，將會使用之前學會的 GPIO 腳位用法與 Python 程式，把棉花糖作為輸入裝置，當作按鍵來使用，對應到某個鍵盤字母，然後以之控制 Scratch 遊戲。在這個過程中，無論是電子硬體部分，還是 Scratch 軟體部分，都將由你自己動手建立。圖 8-12 顯示遊戲執行時的情況。

需要下面的材料：

- 2 條母對母跳線。
- 棉花糖（是的，你沒有看錯！就是真正可食用的棉花糖）。
- 2 個金屬針或金屬迴紋針。
- Raspberry Leaf 圖，幫助你辨認該使用哪個 GPIO 腳位。

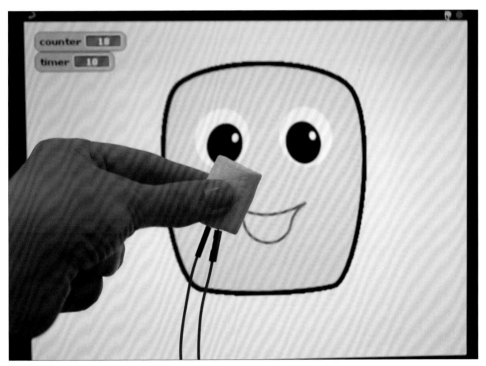

圖 8-12　棉花糖遊戲

8.7.1　撰寫棉花糖按鍵的程式

下一步，就是寫程式來驅動棉花糖按鍵。

1. 打開 LXTerminal 視窗，輸入下列指令：

```
cd Documents
nano marshmallow.py
```

上述指令的意思是：新增 Python 程式檔案，其實就如同於在 IDLE 中新增檔案，並命名為 **marshmallow.py**。

2. 接下來輸入下列程式：

```
import RPi.GPIO as GPIO
import time

GPIO.setmode(GPIO.BCM)
GPIO.setup(2, GPIO.IN)

while True:
  if GPIO.input(2) == False:
print("marshmallow makes a good input")
    time.sleep(0.5)
```

按下 Ctrl + X 鍵，然後按 Y 鍵，再按 Enter 鍵儲存檔案。

3. 取一條母對母跳線，其一端小心地連接金屬針（也可以改用迴紋針代替金屬針），另一端插在 Raspberry Pi 的 GPIO 2 腳位。

按照同樣方式連接第二條跳線，但是第二條跳線除了金屬針的部分，另一端需要連接到 Raspberry Pi 的 GND 腳位。

將兩條跳線金屬針的那一端，插入棉花糖，如圖 8-13 所示。

圖 8-13　跳線連接到 GPIO 介面和棉花糖

4. 回到 LXTerminal 視窗，輸入下列指令：

```
sudo python marshmallow.py
```

現在請輕輕擠壓棉花糖，你將會看到關於棉花糖的提示訊息出現在 LXTerminal 視窗。
如果什麼都沒有的話，請檢查金屬針、跳線和棉花糖的連接是否可靠，嘗試重新連接。

現在，已經測試過棉花糖按鍵，可正常運作，接著只需把它對應到某個鍵盤按鍵。例如：
當你按下棉花糖按鍵的時候，遊戲會認為你按下鍵盤上的某個鍵，如字母 a。對應程序非
常重要，尤其是當你要建構或下載 Scratch 的棉花糖遊戲時。

8.7.2　棉花糖按鍵對應到鍵盤

根據下述步驟，讓你的棉花糖按鍵對應到鍵盤的某個鍵：

1. 在 LXTerminal 視窗中，輸入下列指令：

```
cd Documents
wget https://launchpad.net/python-uinput/ ↵
  trunk/0.10.0/+download/python-uinput-0.10.0.tar.gz
```

上面的指令會下載對應按鍵到鍵盤所需要的 Python 程式庫，**.tar.gz** 檔案下載完畢後，輸入下列指令，解壓縮檔案到家目錄（**/home/pi**）。

```
tar -zxvf python-uinput-0.10.0.tar.gz
```

圖 8-14 秀出這一步驟。

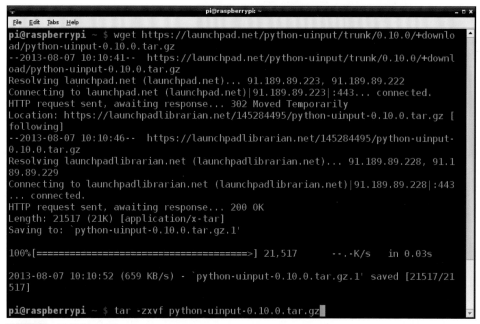

圖 8-14 下載並解壓縮 python-uinput

2. 解壓縮完成後，輸入下列指令：

```
cd python-uinput-0.10.0
python setup.py build
sudo python setup.py install
sudo modprobe uinput
```

如果你重新啟動 Raspberry Pi，則需要到 LXTerminal 視窗裡，重新執行 sudo modprobe uinput 指令，因為系統並沒有預設安裝 uinput 驅動程式。

3. 接著，編輯棉花糖的腳本程式，使用 Python 程式庫 **uinput**，把棉花糖按鍵對應到鍵盤。你可以在 IDLE 3 視窗中打開 **marshmallow.py**，也可以在 LXTerminal 視窗中輸入下列指令開啟該檔：

```
cd Documents
nano marshmallow.py
```

修改之前的 Python 程式，加入下面粗體顯示的部分：

```
import RPi.GPIO as GPIO
import time
import uinput

GPIO.setmode(GPIO.BCM)
GPIO.setup(2, GPIO.IN)
device = uinput.Device([uinput.KEY_A])

while True:
    if GPIO.input(2) == False:
device.emit_click(uinput.KEY_A)
print("marshmallow makes a good input")
        time.sleep(0.5)
```

棉花糖按鍵被對應到鍵盤的按鍵Ａ，也可以對應到任何你希望的按鍵。

深入程式碼

uinput 是一個特殊的硬體驅動程式，允許其他程式將按鍵資訊輸入到系統，就像你按下鍵盤的真實按鍵一樣。這是特殊的系統核心驅動程式，已經安裝在 Linux 核心裡。**modprobe** 是個管理指令，負責為你安裝該驅動程式到系統核心。

4. 按下 Ctrl + X 鍵儲存檔案，並退出 nano 編輯器。執行並測試 **marshmallow.py** 程式，觀察棉花糖按鍵是否能正常運作。

```
sudo python3 marshmallow.py
```

你同樣也該測試鍵盤上的按鍵 A，按下時，LXTerminal 視窗應會出現 **marshmallow makes a good input**（棉花糖可作為輸入裝置）的提示。

如果你的 Raspberry Pi 沒有連接鍵盤，那麼棉花糖按鍵可能無法運作。

8.7.3　撰寫Scratch棉花糖遊戲

現在，我們已經把棉花糖按鍵對應到鍵盤的實體按鍵，接著便要撰寫 Scratch 遊戲進行計數，每當你按下一次棉花糖按鍵，計數值就會增加。完整的 Scratch 棉花糖遊戲可到網站 **www.wiley.com/go/adventuresinrp2E** 下載，這個遊戲的目的是記錄你在 10 秒內能夠按下多少次棉花糖按鍵。可以參考下面步驟和圖 8-15，得到完整的 Scratch 遊戲程式：

1. 從主選單的 Programming 子選單下找到 Scratch，點選後進入 Scratch，再點選「檔案（File）→另存為（Save As）」，命名檔案為 **Marshmallow Game**，然後點選「儲存」。

2. 在新增的專案中，以右鍵點選 Scratch 貓角色，彈出選單後選擇「刪除」。

3. 點選角色控制面板上的「Paint New Sprite（繪製新角色）」圖示（有畫筆和星星的圖示），然後使用「塗鴉編輯器（Paint Editor）」繪製棉花糖角色，可使用矩形或圓形工具建立你所想像的棉花糖外形；如果擁有足夠的信心，也可使用自由畫筆工具逐行繪製。繪製完成並對結果滿意的話，請點選「OK」按鈕，退出塗鴉編輯器視窗。

   另外一種作法是：如果你的 Raspberry Pi 已連接網路，可以直接到網站 **www.wiley.com/go/adventuresinrp2E** 下載棉花糖圖片（**marshmallow.png**），用於這項範例專案。

4. 在這個遊戲中，需要建立兩個變數。請到積木控制面板中點選「Variables（變數）」，在彈出的視窗裡輸入新變數的名字，第一個變數取名為 **counter**，點選「OK」之前，請確認勾選「For all sprites」選項；這個變數負責記錄棉花糖按鍵被按下的次數。

   按照同樣的步驟，建立第二個變數，取名為 **timer**，用於設定棉花糖按鍵挑戰的時間。

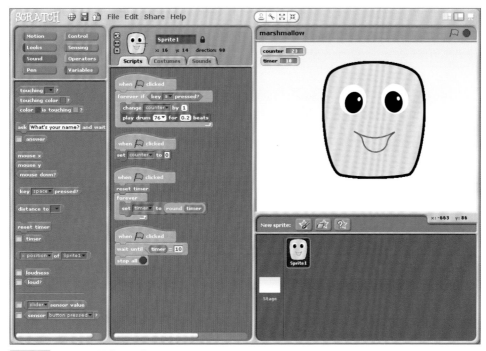

圖 8-15 Scratch 棉花糖遊戲

5. 現在，Scratch 棉花糖遊戲所需積木，都已準備就緒，請到積木控制面板中點選「控制（Control）」標籤，拖拉 when 🏁 clicked 積木到腳本編輯框。其下面再加入 forever if 迴圈積木，並連接兩者。

6. 點選「感應（Sensing）」標籤，選擇 key space pressed 積木，放在 forever if 積木的六邊形區域。完成此步驟後，把 space 選項改成 a 或是你之前對應的鍵盤按鍵。

7. 加入變數（Variable）積木 change counter by 1 到 forever if 迴圈積木中，然後在後面加入聲音（Sound）標籤裡的 play drum 48 for 0.2 beats 積木，到下拉選單把 drum 改成 76。

8. 遊戲開始後，計數變數需要先重置為零，負責記錄玩家的分數。請再加入另一個 when 🏁 clicked 積木到腳本編輯框中，然後在後面連接 set timer to 0 積木。

9. 記得要點選「檔案（File）→儲存（Save）」來儲存到現在為止所寫好的專案檔。然後點選🏁圖示，測試一下遊戲腳本是否能正常執行。按壓棉花糖按鍵，觀察計數的結果是否改變。別忘了在這個過程中，也要執行你之前建立的 Python 腳本程式。

10. 為了讓遊戲變得更有挑戰性，需要給玩家設定時間限制。此處需要另外兩個腳本。請加入另一個 when 🏁 clicked 積木到腳本編輯框中，然後在下面連接感應（Sensing）

標籤的 reset timer 積木。在下面連接 forever 迴圈積木，加入 set timer to 0 積木到迴圈中（你可能需要到變數模組的下拉選單中選擇「Timer」）。

接下來點選「運算子（Operators）」標籤，選擇 round 積木，放在 set time 積木變數的位置，那裡的值原本應該是 0。然後加入感應（Sensing）標籤中的 timer 積木，放到你剛剛放置的 round 模組中的空白位置。

現在，這個完整的積木能夠被視為：set timer to round timer。這個腳本會在遊戲開始時把時間設為 0，然後每一秒增加 1。

11. 最後的腳本要設定時間限制，請加入另一個 when 🚩 clicked 積木到腳本編輯框中，然後在下面加入 wait until 積木，其下再加入 stop all control 積木。

拖拉運算子（Operators）類型的 _ = _ 積木，放在 wait until 的六邊形區域，等號的左邊加入變數 timer，等號右邊則寫上數值 10。

這個腳本會等待 timer 變數增加到 10 秒，然後便停止遊戲。

12. 最後點選「檔案（File）→儲存（Save）」儲存遊戲。接著，則點選🚩圖示測試這個 Scratch 棉花糖遊戲是否能正常運作，看看是否會記錄 10 秒內你按下棉花糖按鍵的次數。

挑戰

如果想要為遊戲增加其他功能，下面列出幾個不錯的點子：

- 自訂棉花糖角色，讓它在按下按鍵後可以改變表情，像是動畫那樣。
- 建立「遊戲結束」畫面，需要使用冒險 3 的廣播訊息來結束所有腳本程式。
- 記錄遊戲的最高記錄，鼓勵之後的玩家挑戰高分！你可以撰寫 Python 程式，創作類似的遊戲。

8.8 繼續GPIO學習之旅

就像你看到的，學會 Raspberry Pi 的 GPIO 腳位的話，就好像是打開了潘朵拉魔盒，只要具備基本的電子學知識，你就可以操控 Raspberry Pi，進而控制真實世界中的事物。Raspberry Pi 官方網站（www.raspberrypi.org）上，就有很多玩家使用 Raspberry Pi 來控制身邊事物的範例。

現在，若想進一步學習 Raspberry Pi 的 GPIO 腳位，下面列出進階的學習資源：

- Alex Eames 的網站 RasPi.TV，有關於 RPI.GPIO 的基礎介紹：http://raspi.tv/category/raspberry-pi。
- 如果你想要學習如何使用 Scratch 控制 Raspberry Pi 的 GPIO 介面，Simple Si 的部落格很推薦、很不錯：http://cymplecy.wordpress.com/2013/04/22/scratch-gpio-version-2-introduction-forbeginners。
- 如果想要瞭解更多關於使用 Raspberry Pi 的電子專案，Adafruit Learning System 是個非常好的平台：http://learn.adafruit.com/adafruits-raspberry-pi-lesson-4-gpio-setup。

GPIO 腳位指令快速參考表	
指令	描述
import RPi.GPIO as GPIO GPIO.RPI_REVISION	檢查 Raspberry Pi 電路板的版本
import RPi.GPIO as GPIO	載入 Raspberry Pi 的 GPIO 程式庫
GPIO.setmode(GPIO.mode)	設定 GPIO 腳位的編碼方式為 BCM 或 BOARD
GPIO.setup(GPIO number, GPIO.OUT)	設定 GPIO 腳位的工作模式為輸入或輸出

解鎖成就：你已經攻克 Raspberry Pi 的 GPIO 腳位！

關於下一個冒險⋯

下一個冒險將是本書最後一個冒險，是個非常大的 Raspberry Pi 專案，將要使用 Raspberry Pi 製作帶有 LCD 顯示器的音樂播放器，還擁有播放、停止和跳過等按鍵，所有需要的相關知識，都是以之前學到的內容為基礎。這個專案看起來可能非常恐怖，但是當你努力克服所有難題並完成專案後，成就感將無與倫比！

Adventure 9

大冒險：打造Raspberry Pi 音樂播放器

Raspberry Pi 有個非常好的特性，就是你可以讓 Raspberry Pi 改頭換面，變成專屬功能的裝置。在這次冒險中，我們將要讓 Raspberry Pi 變成一台音樂播放器，可使用按鈕來控制音樂播放或停止，使用 LCD 螢幕顯示歌曲名。圖 9-1 秀出我完成後的專案：Raspberry Pi 音樂播放器。

我希望這次冒險能夠激發你的創作欲望！如果想要繼續學習 Raspberry Pi，此次冒險旅途的終點，將會列出學習資源供你參考。關於 Raspberry Pi 的能力，你學得越多，就越能夠用它實現大型專案的點子！

圖 9-1 此次冒險的最終成品—Raspberry Pi 音樂播放器

9.1　音樂播放器專案概觀

　　這趟最終冒險旅程,將會比之前的冒險專案更難、完成度更高,碰到這種大專案時,若能先總結複習之前冒險所習得的知識,將會十分有幫助。因為這個專案非常複雜,所以分成了四個部分。當你動手進行每一部分的細節工作之前,應先有個概觀瞭解,條列如下:

- 第一部分,使用 Python 為音樂播放器的 LCD 螢幕建立驅動程式。
- 第二部分,為音樂播放器新增能夠下載和播放音樂檔的軟體。
- 第三部分,使用 GPIO 腳位連接外部按鈕,透過這些按鈕,就可以直接操作音樂播放器,播放、停止或是跳過目前播放的歌曲。
- 第四部分,撰寫程式,讓 LCD 顯示目前播放資訊。

　　最後,你可能想為音樂播放器設計外殼,包裹住所有零件、電路和導線,讓音樂播放器看起來更加好看,更易於操作。

這次冒險的所有程式，都可以到本書資源網站下載。就像我在其他冒險中所說，如果你能夠根據章節內容的介紹和指示，自己輸入這些程式，嘗試著自己解決程式中的問題，那麼，你就能夠學到更多的知識。當然啦，當程式碼出現問題時，如果已經盡力去發現問題，但卻還是沒有結果，可以拿你的程式與下載的程式進行比較，看看是不是多了或是少了哪部分。

這裡有個可供參考的音樂播放器專案影片，請到資源網站 www.wiley.com/go/adventuresinrp2E，點選 Videos 標籤，選擇 JukeboxProject 檔。

9.2 需要準備的東西

為了順利完成這次冒險所涉及的大專案，除了 Raspberry Pi，還需要一些額外的裝置和零件。可以到線上電子商城買到所有需要的零件，而且都不需要焊接。所需準備的東西如下：

- Raspberry Pi 和周邊零件，例如：帶有 Raspbian 系統的 SD 卡（詳見冒險 1）。
- 使用 3.5 mm 耳機介面的揚聲器，如圖 9-1 所示。
- 全尺寸的麵包板。
- 16×2 字母的 3.3V 液晶顯示器（LCD）。
- 10K 歐姆的電位計（potentiometer）。
- 4 個按鈕，如冒險 8 控制 LED 燈的按鈕。
- 4 個 10K 歐姆的電阻器。
- 免焊接排針。
- 公對母和公對公的跳線。
- 列印好的 Raspbian Leaf 腳位功能圖。
- 硬紙板盒子。
- 裝飾物，讓你的音樂播放器變得更加炫酷。

這次冒險中的所需物品，完整清單和購買方式都可以在資源網站 www.wiley.com/go/adventuresinrp2E 找到。

液晶顯示器（LCD）是種電子顯示器，通常看起來是平薄的。常見於數位計算機、數位手錶等裝置，用於顯示時間和資訊。在這次冒險中，LCD 顯示器將負責顯示歌曲的名稱，這意味著你不用替 Raspberry Pi 準備額外的螢幕。

電位計（potentiometer）是種可變電阻器，在這次專案裡，旋轉電位計的作用是改變 LCD 螢幕的對比，根據不同的光線環境調整對比，讓 LCD 顯示的內容更容易閱讀。

許多大型電子專案，都需要把各個部分焊接在一起。如果你購買貴重的零件，那將會是非常令人畏懼的任務，即使對有經驗的人來說，也是如此。當你不小心把焊錫弄到手上，也會非常疼痛。幸運的是，這次冒險旅程採用麵包板、跳線等免焊接的零件，讓你毋須使用烙鐵，也能夠完成電子專案。如果你身邊有熟悉烙鐵的大人，或是學校開設類似課程，當你無從下手時，可找他們幫助焊接貴重零件，應會是個好主意！

9.3　第一部分：LCD顯示器

在這個專案的第一部分，你需要組裝音樂播放器的所需零件。與之前的專案相比，這個專案使用了更多的電子零件和導線，所以對你來說，需要額外的細心，在組裝之前，務必仔細查看實物圖和電路圖。當你完成組裝工作後，需要下載檔案，讓 LCD 顯示器動起來。

9.3.1　LCD螢幕模組焊接針腳

當你購買或收到 LCD 螢幕模組的時候，上面很有可能沒有針腳，若如此，就無法插入麵包板。萬一遇到這種情況，最好能找位成年人或是有焊接經驗的人，幫你把針腳焊接到 LCD 模組。

或者可以選擇免焊接的排針，這種排針需要完全插入到孔洞裡面，確保它們穩固連接。免焊接的作法看起來很簡單，然而當你實際操作的時候，還是要有十分的耐心並小心翼翼，因為這些排針並不是那麼容易就能夠插入到正確的位置，我發現當施加壓力的時候，適當地旋轉排針，將會比較容易插入到 LCD 螢幕模組。

9.3.2　裝上LCD螢幕並連接到麵包板

照著下面步驟，設定你的 LCD 顯示器，並同時參考圖 9-2：

1. 把全尺寸的麵包板縱向擺在你前面，使其最長的那邊和你所在桌面的邊緣相互平行。把準備好的 LCD 螢幕模組插入到麵包板的孔洞，從 C5 一直到 C21。

2. 接下來，把電位計插在 LCD 螢幕的左上方，孔洞 F1 到 F3。之後將會使用電位計改變液晶螢幕的對比。

3. 沒有任何接線的 Raspberry Pi，放在麵包板旁邊，如圖 9-2 所示。在 GPIO 腳位上、插 入 正 確 版 本 的 Raspberry Leaf 標 籤（**www.doctormonk.com/2013/02/raspberry-piand-breadboard-raspberry.html**）。之後將會使用很多條跳線，從 LCD 螢幕連接到 Raspberry Pi，有了腳位功能圖，尋找 GPIO 腳位時就會方便許多。

4. 為了能夠向 LCD 發送資料，需要按照下面的指示連接導線。從 Pin 1（LCD 最左邊）開始，將各個腳位連接到正確的線路（連接時請參考圖 9-2，會有所幫助）。

   - Pin 1 腳位，使用跳線連接到麵包板的電源負極部分，也就是藍色線條旁邊的孔（如圖中黑色的公對公跳線所示）。

   - Pin 2 腳位，連接到 3.3V 的電源或者麵包板的電源正極部分，也就是紅色線條旁邊的孔（如圖中紅色的公對公跳線所示）。

   - Pin 3（Vo），連接到電位計中間的孔洞（如圖中橘黃色的公對公跳線所示）。注意電位計有三個腳位，跳線應該插在電位計上面一排中間的孔洞。

   - Pin 4（RS），連接到 Raspberry Pi 的 GPIO 25 腳位（如圖中黃色的公對母跳線所示）。

   - Pin 5（RW），連接到麵包板的電源負極部分（如圖中黑色的公對公跳線所示）。

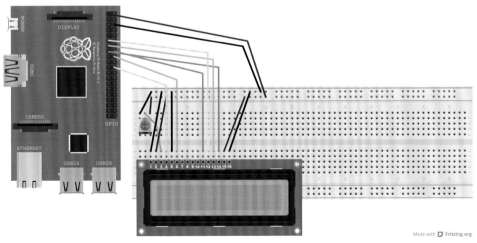

圖 9-2　LCD 螢幕和電位計的電路圖

- Pin 6（EN），連接到 Raspberry Pi 的 GPIO 24 腳位（如圖中綠色的公對母跳線所示）。
- 跳過 LCD 的 Pin 7、8、9。
- Pin 11（D4），連接到 Raspberry Pi 的 GPIO 23 腳位（如圖中藍色的公對母跳線所示）。
- Pin 12（D5），連接到 Raspberry Pi 的 GPIO 17 腳位（如圖中黃色的公對母跳線所示）。
- Pin 13（D6），連接到 Raspberry Pi 的 GPIO 27 腳位（如圖中綠色的公對母跳線所示）。
- Pin 14（D7），連接到 Raspberry Pi 的 GPIO 22 腳位（如圖中藍色的公對母跳線所示）。
- Pin 15（LED+），連接到 Raspberry Pi 的 3.3V 腳位（如圖中紅色的公對母跳線所示）。
- Pin 16（LED-），連接到 Raspberry Pi 的 GND 腳位（如圖中黑色的公對母跳線所示）。
- 把電位計左邊腳位，連接到麵包板的電源負極部分（如圖中黑色的公對母跳線所示）。右邊腳位連接到麵包板的電源正極部分（如圖中紅色的公對母跳線所示）。

5. 反覆檢查圖 9-2 所示的線路，以及圖 9-3 的實物圖，看看電位計和 LCD 螢幕是否正確連接。當你確認這些接線都沒有問題以後，就可以把 SD 卡、顯示器、鍵盤滑鼠和網路線插入 Raspberry Pi，並啟動電源。

圖 9-3　連接完畢的 LCD、電位計和 Raspberry Pi

記住，如果 LCD 和 GPIO 腳位的接線有誤，有可能會損壞你的 Raspberry Pi。所以在啟動 Raspberry Pi 之前，一定要再三檢查電路接線。

6. 這時候，LCD 螢幕應該會亮起來，如果沒有，請回到上一步檢查電子線路。試著轉動電位計，直到你在 LCD 螢幕上看到第一行填滿了小方塊。

9.3.3　加入腳本來驅動LCD螢幕

接下來，需要下載能夠驅動 LCD 螢幕的 Python 程式。首先，確認你的 Raspberry Pi 已經藉由網路線或 Wi-Fi 上網，這樣才能夠下載所需檔案。

1. 登入 Raspberry Pi 後，輸入指令 statrx，進入圖形使用者介面，打開 LXTerminal 視窗，輸入下列的指令並按 Enter 鍵：

```
sudo apt-get update
```

檢查 Raspberry Pi 的既有應用軟體，是否都是最新版本，檢查完畢後，輸入下列指令：

```
sudo apt-get install git
```

這個指令會檢查 git 應用程式是否已經安裝在你的 Raspberry Pi 上。git 應用程式的作用是讓你複製開放原始碼的程式，Raspbian 作業系統應該已經預先安裝，但是如果尚未安裝，這個指令將會下載並安裝。git 安裝好以後，可輸入下列指令，複製我已經修改好的 Adafruit Raspberry Pi Python 檔案：

```
git clone https://github.com/MissPhilbin/Adventure_9.git
```

2. 程式複製完畢後，輸入下列指令，把目前工作目錄切換到存放 LCD 程式的目錄：

```
cd Adventure_9
```

3. 現在，輸入下列指令執行 Python 腳本程式：

```
sudo python3 Adafruit_CharLCD.py
```

將會看到 LCD 螢幕顯示下面的資訊：

```
This is a test!
```

4. 試著旋轉電位計，LCD 螢幕上的字元會變得清楚或者模糊。

5. 接下來，輸入下列指令，把程式檔複製到 Documents 目錄，該專案的所有檔案都將存放在這個目錄裡：

```
cp Adafruit_CharLCD.py /home/pi/Documents/
```

之後，將會使用到這些檔案，讓你的程式能夠在 LCD 螢幕上顯示 MP3 的播放資訊。

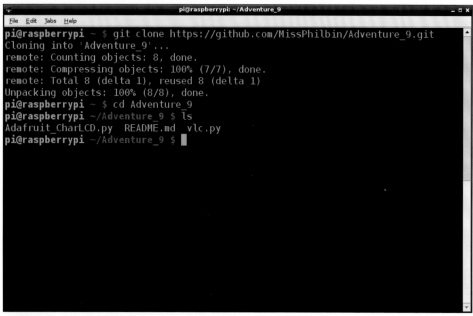

圖 9-4 下載修改好的程式 Adafruit_CharLCD.py

9.4 第二部分：下載並播放MP3檔

現在，LCD 螢幕已經設定妥當，該是時候下載一些音樂並播放了。為了讓你的 Raspberry Pi 能夠播放音樂，需要下載並安裝媒體播放器，然後測試是否能正常運作。擁有能夠播放音樂的軟體以後，就可以寫程式來建立你的播放列表，並實現隨機播放和跳過的功能。

9.4.1 安裝媒體播放器並取得音樂檔

在 LXTerminal 視窗中，輸入下列指令下載媒體播放器：

```
sudo apt-get install vlc
```

應用程式 **vlc** 是一套媒體播放器軟體，可以從命令列介面操控，播放不同類型的媒體檔，諸如影片或音樂。對這個專案非常有幫助，因為將會使用 LCD 螢幕顯示播放資訊，並以外部按鈕控制播放器。

接下來，需要試著播放音樂檔，你大概可能擁有一些 MP3 音樂檔，儲存在桌上型電腦或者筆記型電腦裡，請使用隨身碟把那些檔案複製到 Raspberry Pi。或者，可以使用 Raspberry Pi 預設安裝的瀏覽器，下載一些免費的專輯和音樂，若想下載，需要先連上網路，不管是使用網路線、還是 Wi-Fi。

1. 點選工作列上的網頁瀏覽器圖示，或者到主選單的網路（Internet）子選單，開啟「Web Browser」，在網址欄輸入下面的網址（見圖 9-5）：

freemusicarchive.org

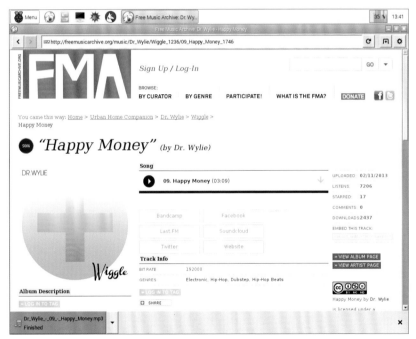

圖 9-5 使用網頁瀏覽器下載 MP3 檔

Free Music Archive 網站，提供高品質的免費音樂，你可以自由下載，但是要遵守演唱者聲明的用途限制，不要違反著作權法律。

2. 瀏覽網站，找一些你感興趣的音樂，找到想要下載的音樂時，點選歌曲名字後面的下載箭頭，這時候會出現對話框，提示你打開或者下載檔案，點選儲存後，就會下載那個 MP3 檔。從瀏覽器頂部的進度條，可查看下載進度，當進度條完畢後，代表下載成功，檔案將會存放在你的 **/home/pi** 目錄裡。

3. 下載完成後，測試一下看看 **vlc** 是否能播放這個音樂檔。在 LXTerminal 視窗中，輸入 **cvlc**，後面加上歌曲儲存目錄和歌曲名，如下所示：

```
cvlc /home/pi/CAP_01_Adventures_In_Pi.mp3
```

 vlc 會在螢幕上輸出訊息，看起來雖然好像發生問題、出現錯誤，但是你不用擔心，略過即可。

vlc 將會播放你下載的 MP3 檔，請確認 Raspberry Pi 已連接到耳機或者揚聲器，這樣才能聽得到聲音。

按 Ctrl + C 鍵可終止播放。

4. 之前已經下載 **vlc.py**，存放在 Adventure_9 目錄裡，請複製到 Documents 目錄，所需指令如下：

```
cp /home/pi/Adventure_9/vlc.py /home/pi/Documents
```

在 Free Music Archive 網站上，還可以使用專輯下載連結下載整張專輯，下載結束後，點選下載進度條，解壓縮其中的 MP3 檔；這個操作動作同樣可以在 LXTerminal 視窗中完成，輸入下列指令來解壓縮，然後使用 **cd** 指令切換到正確的目錄：

```
unzip filename.zip
```

你可能想為這些 MP3 檔建立專門存放的資料夾，使用檔案管理員可以辦到，但是為什麼不嘗試使用你在冒險 2 中學到的命令列介面呢？

使用 **mkdir** 指令建立資料夾，就像下面這樣：

```
mkdir music
```

這個指令會建立名為 **music** 的資料夾。

指令 **mv** 可把 MP3 檔移動到這個目錄下面，如下所示：

```
mv CAP_01_Adventures_In_Pi.mp3 music/
```

使用 **cvlc** 指令，後面加上資料夾的名字和音樂檔的名字，便可播放這些 MP3 檔，如：

```
cvlc music/*.mp3
```

圖 9-6 顯示輸出的內容。

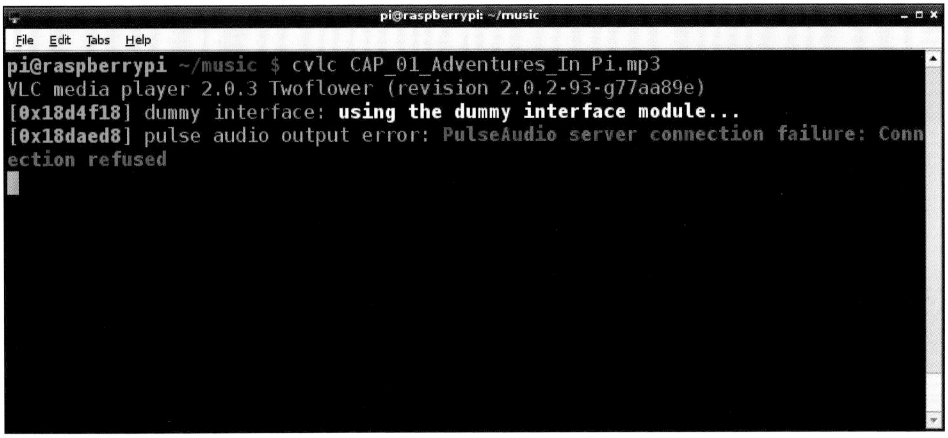

圖 9-6 在 LXTerminal 視窗中使用 vlc 指令播放 MP3 音樂檔，當 MP3 檔播放時，vlc 會出現一些錯誤訊息

是不是很簡單呢？

9.4.2 撰寫音樂播放器的Python程式

一次播放一個 MP3 檔，並無問題，但是，大多數音樂愛好者喜歡播放某資料夾裡全部的音樂檔或播放列表中的音樂，可能是隨機播放，也可能是跳著播放。在大型專案中，通常可以由你決定增加什麼樣的功能，此處正是如此，我們將使用 **vlc** 的程式庫，撰寫 Python 程式，讓程式與 vlc 進行互動，進而實現上述功能。

如同之前的冒險內容所學到的，此處也是使用 Python 3 來撰寫音樂播放器的控制程式。

1. 從主選單中打開 Python IDLE 3，點選「檔案（File）→新視窗（New Window）」，開啟新文字檔案。你也可以在命令列介面中用 nano 完成這個步驟。

2. 第一行，如同之前使用 Python 撰寫程式，需要匯入外部程式庫或模組，其中 **glob** 模組用於取得目錄中的 MP3 檔案清單，**random** 模組用於隨機播放功能，**sys** 模組用於 **sys. exit** 以及取得命令列介面參數，**vlc** 程式庫則是 Python 和 **vlc** 之間互動溝通的橋梁。請輸入：

```
import glob, random, sys, vlc
```

3. 多空出一行空白行，然後輸入下列程式碼：

```
if len(sys.argv) <= 1:
  print("Please specify a folder with mp3 files")
  sys.exit(1)
```

sys.argv 是命令列介面傳給程式的參數，應包含 MP3 檔案列表。在之前的冒險中，你可能還記得我們使用命令列介面來存取程式，例如：如果輸入 **sudo python3 jukebox. py/home/pi/music**，得到的串列將會包含 **jukebox.py** 在 0 的位置和 **/home/pi/music** 在 1 的位置，此處第一個參數就是 1 的位置。

4. 接下來的程式會載入 MP3 播放列表：

```
folder = sys.argv[1]
files = glob.glob(folder+"/*.mp3")
if len(files) == 0:
  print("No mp3 files in directory", folder, "..exiting")
  sys.exit(1)
```

如同之前所述，在 **sys.argv** 的位置 1，會是輸入指令的第一個參數。**glob** 函式可取得指定檔類型的列表。檔案類型 *.mp3 代表以 .mp3 結尾的檔案，所以 **files = glob. glob(folder+"/*.mp3")** 所建立的串列，將會含有以 .mp3 為結尾的全部檔案列表，如果這個串列中，不包含以 .mp3 結尾的檔案，就呼叫 **sys.exit** 退出。

5. 現在，使用 **random** 模組來隨機播放 MP3 列表中的檔案，在前面的程式下面，輸入下列程式：

```
random.shuffle(files)
```

6. 空一行，然後輸入下列的程式：

```
player = vlc.MediaPlayer()
medialist = vlc.MediaList(files)
mlplayer = vlc.MediaListPlayer()
mlplayer.set_media_player(player)
mlplayer.set_media_list(medialist)
```

這段程式設定你將如何使用 **vlc** 程式庫，細節資訊並不重要，重點是你設定了一個 **MediaListPlayer**，這是個 **Player**，作用是負責播放 **MediaList**（換句話說，在同一時間內，只可播放一個音樂序列）。

7. 在這個專案的後面，將會為音樂播放器新增按鈕，負責播放、暫停和跳過等功能，所以這裡需要加入 while 迴圈來讀取按鈕的狀態，然後使用鍵盤的 1、2、3、4 鍵來測試是否正常。while 迴圈部分的程式如下：

```
while True:
    button = input("Hit a button ")
    if button == "1":
        print("Pressed play button")
        if mlplayer.is_playing():
            mlplayer.pause()
        else:
            mlplayer.play()
    elif button == "2":
        print("Pressed stop button")
        mlplayer.stop()
```

鍵盤的按鈕 1 會觸發播放／暫停按鈕，按鈕 2 會觸發停止按鈕。在 while 迴圈裡面，使用了一些條件判斷。請特別注意此處的縮排是否正確。

第一層條件判斷你按下哪個按鈕：按下按鈕 1 或按鈕 2。每個按鈕被按下後執行的內容，屬於第二層的條件。在播放音樂的時候，如果按下按鈕 1 會暫停媒體播放器，但是如果什麼都沒有播放的話，播放器則會隨機播放某首歌曲。如果按下按鈕 2，媒體播放器會停止播放音樂，然後在螢幕上顯示 Pressed stop button（已按下「停止」按鈕）。

8. 按下「停止」按鈕之後，若想要再次重新開始，我們希望打亂播放列表的順序。此處可以使用 random 重新排序播放列表，然後取代之前的播放列表。在前面程式的最後一行，輸入下列的程式，注意需保持同樣的縮排層級：

```
    random.shuffle(files)
    medialist = vlc.MediaList(files)
    mlplayer.set_media_list(medialist)
```

9. 現在，可以再加入另外兩個按鈕到這個迴圈中，負責前移和後移目前播放的歌曲。尤其要注意程式碼縮排的情況，目前的部分仍然是第一層條件判斷，如圖 9-7 所示。在剛剛輸入的程式下方，輸入下列程式：

```
    elif button == "3":
        print("Pressed back button")
        mlplayer.previous()
    elif button == "4":
        print("Pessed forward button")
```

```
        mlplayer.next()
    else:
        print("Unrecognised input")
```

10. 點選「檔案（File）→另存為（Save As）」，將檔案命名為 jukebox1.py，儲存到 Documents 資料夾。

11. 最後點選「執行（Run）→執行模組（Run Module）」來測試程式是否正確，或者在命令列介面中，切換到 Documents 目錄，輸入 python3 jukebox1.py 執行程式。

```
jukebox1.py - /home/pi/Documents/jukebox1.py

File  Edit  Format  Run  Options  Windows  Help

import glob, random, sys, vlc

if len(sys.argv) <= 1:
  print("Please specify a folder with mp3 files")
  sys.exit(1)

folder = sys.argv[1]
files = glob.glob(folder+"/*.mp3")
if len(files) == 0:
  print("No mp3 files in directory", folder, "..exiting")
  sys.exit(1)
random.shuffle(files)

player = vlc.MediaPlayer()
medialist = vlc.MediaList(files)
mlplayer = vlc.MediaListPlayer()
mlplayer.set_media_player(player)
mlplayer.set_media_list(medialist)

while True:
  button = input("Hit a button ")
  if button == "1":
    print("Pressed play button")
    if mlplayer.is_playing():
      mlplayer.pause()
    else:
      mlplayer.play()
  elif button == "2":
    print("Pressed stop button")
    mlplayer.stop()

    random.shuffle(files)
    medialist = vlc.MediaList(files)
    mlplayer.set_media_list(medialist)
  elif button == "3":
    print("Pressed back button")
    mlplayer.previous()
  elif button == "4":
    print("Pressed forward button")
    mlplayer.next()
  else:
    print("Unrecognised input")
```

Ln: 42 Col: 31

圖 9-7　在 Python 3 IDLE 中撰寫音樂播放器的程式

9.5　第三部分：用按鈕控制音樂播放器

音樂播放器專案將會使用按鈕來控制 Raspberry Pi 播放的音樂，在這個部分，需要連接按鈕到電路，並修改程式，配合按鈕執行各種播放相關功能，讓音樂播放、暫停、跳過。將需要四個按鈕：一個用於播放，一個用於暫停，一個用於正向跳過，一個用於反向跳過，接下來要把按鈕插入麵包板，放在 LCD 的旁邊。

9.5.1　連接按鈕

在下面的程式中，需要加入四個按鈕到麵包板，並連接到 Raspberry Pi 的 GPIO 腳位。整個過程請參考圖 9-8 所示內容。

 在你進行下面這五個步驟之前，必須先關閉電源，所以我建議你現在就關機並切斷電源。

1. 讓四個按鈕跨過麵包板的中心凹槽，插入麵包板中（連接方式和冒險 8 控制 LED 燈的按鈕相同）。

2. 拿出一個 10KΩ 電阻器，其一腳插入按鈕的下方，另一腳插入麵包板的電源負極，如圖 9-8 所示。

3. 接下來取出一條公對公跳線，其一端插入按鈕的一個腳位的上方，另一端插入麵包板的電源正極，如圖 9-8 所示的四條白線。

4. 取出另外三個相同的電阻器和跳線，重複上面的第 2 步和第 3 步，按照相同的形式連接。

5. 現在，可以把這些按鈕連接到 Raspberry Pi 的 GPIO 腳位。在連接之前，請確認已關閉 Raspberry Pi 的電源。很多 GPIO 腳位已用來連接 LCD，但是別擔心，只再需要額外的四個 GPIO 腳位就夠了。取出一條公對母跳線，公頭插入到按鈕腳和電阻腳同時連接的孔中，母頭插入 GPIO 11（如圖 9-8 中的綠色導線）。第一個按鈕是播放按鈕。

6. 重複上面的步驟，把停止按鈕連接到 GPIO 7（如圖 9-8 中的紅色導線）。

7. 重複步驟 5，把反向跳過按鈕連接到 GPIO 4，把正向跳過按鈕連接到 GPIO 10（如圖 9-8 中的藍色導線）。

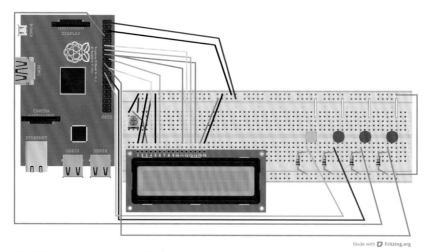

圖 9-8 四個按鈕的電路連接圖

如果你的全尺寸麵包板只有一組電源列，只要把電源連接到電源列，LCD 和按鈕就可汲取到電力。但是如果你使用的麵包板有兩組電源列，如圖 9-9 所示，則需要將這兩組的正極和負極分別連接在一起，這樣才可以對 LCD 和按鈕同時供電。若想連接在一起，可使用公對公的跳線，一頭插入上面的電源負極，另一頭插入下面的電源負極，如此即可，電源正極也相同。在這裡使用的是下拉電阻，和上拉電阻一樣，不會損壞你的 Pi。

圖 9-9　完成按鈕接線的 Pi 音樂播放器

9.5.2 讓你的音樂播放器程式和按鈕配合起來

現在，實體按鈕已經連接到音樂播放器，接下來要撰寫程式讓按鈕開始工作。

1. 使用 IDLE 3 打開 **jukebox1.py**，在前面的部分，加入下面粗體顯示的部分：

```
import glob, random, sys, vlc, time
import RPi.GPIO as GPIO
```

除了之前匯入的程式庫和模組，還需要匯入 **time** 模組，方能在程式中使用 **sleep** 函式，並且要匯入 GPIO 的 Python 程式庫 **RPI.GPIO**，才可以把按鈕的 GPIO 設為輸入模式。

2. 下面這部分的程式不變：

```
if len(sys.argv) <= 1:
  print("Please specify a folder with mp3 files")
  sys.exit(1)
folder = sys.argv[1]
files = glob.glob(folder+"/*.mp3")
if len(files) == 0:
  print("No mp3 files in directory", folder, "..exiting")
  sys.exit(1)
random.shuffle(files)

player = vlc.MediaPlayer()
medialist = vlc.MediaList(files)
mlplayer = vlc.MediaListPlayer()
mlplayer.set_media_player(player)
mlplayer.set_media_list(medialist)
```

3. 接下來，需要加入設定按鈕 GPIO 的程式碼如下：

```
GPIO.setmode(GPIO.BCM)

PLAY_BUTTON=11
STOP_BUTTON=7
BACK_BUTTON=4
FORWARD_BUTTON=10

GPIO.setup(PLAY_BUTTON, GPIO.IN)
GPIO.setup(STOP_BUTTON, GPIO.IN)
```

```
GPIO.setup(BACK_BUTTON, GPIO.IN)
GPIO.setup(FORWARD_BUTTON, GPIO.IN)
```

在這段程式中，為各個 GPIO 分配了不同的名字，之後就可用名字取代介面編號。把這些不想再分配作為他用、也不會再改變的變數，使用大寫字母命名，例如：PLAY_BUTTON，這是 Python 程式的書寫慣例，這種寫法的優點就是你可以在後面的程式裡直接使用名字，而不用反覆使用數字編號，好處有兩個，一是非常方便閱讀，直接看到名字；二是如果你改變 GPIO 的腳位編號，只要修改前面的程式即可，而不需要到每一個使用到的地方進行修改。

4. 接下來要修改 while 迴圈，讀取按鈕的狀態。新程式使用 RPI.GPIO 程式庫中的方法，檢測按鈕是否被按下。下面的程式中，需要修改的部分已經以粗體顯示（注意，下面程式中的 # 號，同樣以粗體顯示，別忘了加入）。

```
while True:
  # button = input("Hit a button ")
  if GPIO.input(PLAY_BUTTON):
    print("Pressed play button")
    if mlplayer.is_playing():
      mlplayer.pause()
    else:
      mlplayer.play()
  elif GPIO.input(STOP_BUTTON):
    print("Pressed stop button")
    mlplayer.stop()
    random.shuffle(files)
    medialist = vlc.MediaList(files)
    mlplayer.set_media_list(medialist)
  elif GPIO.input(BACK_BUTTON):
    print("Pressed back button")
    mlplayer.previous()
  elif GPIO.input(FORWARD_BUTTON):
    print("Pressed forward button")
    mlplayer.next()
  # else:
  #    print("Unrecognised input")
  time.sleep(0.3)
```

這裡檢測 GPIO 輸入的作法，就和冒險 8 中所學到的作法一樣，只要檢查 GPIO 腳位是否為 3.3V（高電壓）或是 GND（低電壓）就可以了。在結尾處，需要加上大約 0.3 秒的延遲時間，來消除按鈕彈跳的問題。當按鈕被按下後，由於存在著彈跳問題，將會出現很多高電壓和低電壓上下彈跳，很容易產生誤判，此處加上延遲時間，便可忽略這些彈跳現象。

5. 把程式命名為 jukebox2.py，並儲存到 Documents 目錄。

6. 是時候測試一下程式了，想要測試程式的話，需要使用超級使用者權限，請使用指令 sudo，就像冒險 8 時所做的那樣。在 LXTerminal 視窗中，首先把工作目錄切換到 Documents 目錄：

```
cd Documents
```

然後輸入下列指令：

```
sudo python3 jukebox2.py
```

現在，請按下音樂播放器上面的按鈕，一切正常嗎？

9.6 第四部分：在LCD螢幕上顯示音樂播放器的資訊

這個專案剛開始的時候，我們已把 LCD 連接到麵包板，並使用跳線讓它運作，還執行經過修改的 Adafruit 程式；從那時起，你可能已經全然忘記還有個 LCD，現在，該是時候使用 LCD 來顯示 MP3 檔的播放資訊，這些資訊包括歌手名、歌曲名和專輯名，這些資訊來自於元資料（metadata），就儲存在 MP3 檔之中。

元資料（metadata）用於描述其他類型的資料，以此處範例而言，所包含的原始資料包括演唱者的名字、歌曲的名字等等，從旁描述儲存在 MP3 檔中的資料。在 MP3 檔案裡，這些資料和音樂資料同時儲存在一起。

vlc 程式庫允許你對某事件附加想執行的程式碼，例如：當 MP3 的歌曲名若有變化，這個函式就會在播放過程中隨時被呼叫。

1. 使用 Python IDLE 3 打開 jukebox2.py，並加入下面最後一行程式：

```
import glob, random, sys, vlc, time
import RPi.GPIO as GPIO
from Adafruit_CharLCD import *
```

這裡的程式，增加匯入 Adafruit_CharLCD 模組的部分，此處使用 from 代替 import，因為這裡的類型是 Adafruit_CharLCD，意思是說，若不使用 import *，就要寫成 Adafruit_CharLCD. AdafruitCharLCD，只會讓人看起來更沒有頭緒。

2. 下一部分的程式沒有任何改變：

```
if len(sys.argv) <= 1:
  print("Please specify a folder with mp3 files")
  sys.exit(1)
folder = sys.argv[1]
files = glob.glob(folder+"/*.mp3")
if len(files) == 0:
  print("No mp3 files in directory", folder, "..exiting")
  sys.exit(1)
random.shuffle(files)

player = vlc.MediaPlayer()
medialist = vlc.MediaList(files)
mlplayer = vlc.MediaListPlayer()
mlplayer.set_media_player(player)
mlplayer.set_media_list(medialist)
GPIO.setmode(GPIO.BCM)

PLAY_BUTTON=11
STOP_BUTTON=7
BACK_BUTTON=4
FORWARD_BUTTON=10

GPIO.setup(PLAY_BUTTON, GPIO.IN)
GPIO.setup(STOP_BUTTON, GPIO.IN)
GPIO.setup(BACK_BUTTON, GPIO.IN)
GPIO.setup(FORWARD_BUTTON, GPIO.IN)
```

3. vlc 和 GPIO 設定完成以後，便可輸入下列的程式碼，設定 LCD 螢幕：

```
lcd = Adafruit_CharLCD()
lcd.clear()
lcd.message("Hit play!")
```

4. 接下來，讓 LCD 在歌曲改變的過程中顯示一行黑線，程式碼如下：

```
def handle_changed_track(event, player):
  media = player.get_media()
  media.parse()
  artist = media.get_meta(vlc.Meta.Artist) or "Unknown artist"
  title = media.get_meta(vlc.Meta.Title) or "Unknown song title"
  album = media.get_meta(vlc.Meta.Album) or "Unknown album"
  lcd.clear()
  lcd.message(title+"\n"+artist+" - "+album)


playerem = player.event_manager()
playerem.event_attach(vlc.EventType.MediaPlayerMediaChanged, ↵
  handle_changed_track, player)
```

讓我們檢視一下這段程式。最後兩行確保函式 handle_changed_track 在播放的過程中可以隨時被呼叫。在你重新播放或者按下其中一個跳過按鈕後，這個函式就會被呼叫，在一個音樂檔播放完畢後，開始另一個檔案時，也會被呼叫。

看看函式 handle_changed_track 的內部，media.parse() 讀取儲存在 MP3 檔中的元資料（包含演唱者名、歌曲名一類的資料）。

artist = media.get_meta(vlc.Meta.Artist) 取得演唱者姓名的元資料。

artist = media.get_meta(vlc.Meta.Artist) or "Unkown artist" 這一行程式是下面這段程式式的縮寫形式：

```
if media.get_meta(vlc.Meta.Artist):
  artist = media.get_meta(vlc.Meta.Artist)
else
  artist = "Unknown artist"
```

萬一找不到 MP3 檔的演唱者元資料，就由上面這段程式碼負責處理。

關於 lcd.message，有兩點需要注意：第一，任何處於換行符號（\n）後面的內容，都會被顯示在 LCD 的下一行；第二，此處使用 + 連接字元，變成更長的字串。

5. 接下來，在 while 迴圈後面加入最後一行程式：

```
while True:
  # button = input("Hit a button ")
  if GPIO.input(PLAY_BUTTON):
    print("Pressed play button")
    if mlplayer.is_playing():
      mlplayer.pause()
    else:
      mlplayer.play()
  elif GPIO.input(STOP_BUTTON):
    print("Pressed stop button")
    mlplayer.stop()
    random.shuffle(files)
    medialist = vlc.MediaList(files)
    mlplayer.set_media_list(medialist)
  elif GPIO.input(BACK_BUTTON):
    print("Pressed back button")
    mlplayer.previous()
  elif GPIO.input(FORWARD_BUTTON):
    print("Pressed forward button")
    mlplayer.next()
  # else:
  #   print("Unrecognised input")
  time.sleep(0.3)
  lcd.scrollDisplayLeft()
```

這個 while 迴圈大約 0.3 秒重複一次，所以 LCD 的捲動頻率也是如此。意思是說，你便可以閱讀那些長度超過 LCD 螢幕的歌曲名和演唱者名。使用 lcd.scrollDisplayLeft()，以可讓人閱讀的速度捲動。

6. 點選「檔案（File）→另存為（Save As）」，命名成 jukebox3.py，儲存到 Documents 資料夾。

打開 LXTerminal 視窗，執行最終的點唱機程式。首先進入 Documents 目錄：

```
cd Documents
```

然後輸入下列指令：

```
sudo python3 jukebox3.py
```

按下音樂播放器的按鈕，查看 LCD 顯示的 MP3 資訊是否改變（見圖 9-10）。你可能會看到一些警告訊息，但是可以忽略。

圖 9-10 音樂播放器的 LCD 顯示了 MP3 的元資料

在沒有顯示器的情況下使用音樂播放器

如果你希望這個音樂播放器、能夠在 Raspberry Pi 啟動的時候就能夠自動開啟，而不用連接滑鼠、顯示器等，作法是修改檔案 /etc/rc.local，這個腳本檔，會在 Raspberry Pi 開機後、啟動程序結束後執行。請在裡頭加上些程式碼，讓它執行音樂播放器的 Python 程式，這樣一來，無論你什麼時候啟動 Raspberry Pi，都不用再自己輸入指令來執行。請輸入下列的指令，設定開機時自動執行音樂播放器程式：

```
sudo nano /etc/rc.local
```

接下來捲動到最下面，在 exit 0 前面增加下列的程式（見圖 9-11）。

```
python3 /home/pi/Documents/jukebox3.py /home/pi/music &
```

按 Ctrl + X 鍵儲存並退出 nano 編輯器。重新啟動 Raspberry Pi，確認開機時將會自動執行音樂播放器程式：

```
sudo shutdown -r now
```

```
                                     pi@raspberrypi: ~                              _ ⊡ x
 File  Edit  Tabs  Help
  GNU nano 2.2.6                    File: /etc/rc.local

#!/bin/sh -e
#
# rc.local
#
# This script is executed at the end of each multiuser runlevel.
# Make sure that the script will "exit 0" on success or any other
# value on error.
#
# In order to enable or disable this script just change the execution
# bits.
#
# By default this script does nothing.

# Print the IP address
_IP=$(hostname -I) || true
if [ "$_IP" ]; then
  printf "My IP address is %s\n" "$_IP"
fi

# Start the jukebox upon boot
python3 /home/pi/Documents/jukebox3.py /home/pi/music &

exit 0




^G Get Help      ^O WriteOut      ^R Read File     ^Y Prev Page     ^K Cut Text      ^C Cur Pos
^X Exit          ^J Justify       ^W Where Is      ^V Next Page     ^U UnCut Text    ^T To Spell
```

圖 9-11　使用 LXTerminal 修改 /etc/rc.local 檔案

9.7　收工

　　當你測試完程式後沒有發現任何問題，代表音樂播放器的基本功能已經完成囉。

　　現在你可以將 Raspberry Pi、麵包板和所有導線，通通裝到用卡紙製作的盒子裡，需要測量並在上面挖出相應尺寸的空洞，讓 LCD、按鈕、揚聲器和電源露出來，可在盒子封面上加上專輯封面，或者兩個黑膠唱片，或者自己用畫筆和貼紙設計出喜歡的圖案。

解鎖成就：你已經完成這個使用 Raspberry Pi 的大專案！

使用 Raspberry Pi 繼續你的學習之旅

現在，你已經能夠使用 Raspberry Pi、製作如音樂播放器這樣的大型獨立專案！

在本章冒險過程中，你練習了電腦程式撰寫能力、電子線路技巧等等，這會讓你的知識更加豐富，更加富有創造力，這些能力都能夠讓你將 Raspberry Pi 變成某種特殊的小裝置，你就能夠自己創造身邊的科技裝置！

現在，對於最後一章的內容，你大概感到有些疲憊，那就趕快用你的 Pi 去創作新專案吧！下面列出一些能夠幫助你繼續學習 Raspberry Pi 的資源：

- Raspberry Pi Project（http://eu.wiley.com/WileyCDA/WileyTitle/productCd-1118555430.html），作者：Andrew Robinson 博士和 Mike Cook 博士，包含 16 個用 Raspberry Pi 完成的超級專案。

- Raspberry Pi 官方網站（www.raspberrypi.org），每天都會更新，介紹來自世界各地、使用 Raspberry Pi 完成的專案，這些專案一般都會提供步驟指引，教你如何自己動手製作。此外，網站中的 Resources 頁面也提供了許許多多的教學專案，讓你可以多加參考，並充分活用手上的 Raspberry Pi。

Appendix A
接下來的方向

現在，你已經經歷了本書所有冒險，一定想儘快前往自己的 Raspberry Pi 之旅。希望你在本書中所學到的技能，能夠在你設計、建構專案時派上用場。

下面列出豐富的學習資源，供你參考：

- 網站。
- 社團。
- 能啟發靈感的專案和教材。
- 影片。
- 書籍和雜誌。

A.1　網站

若想要繼續 Raspberry Pi 之旅，有個不錯的方式是瀏覽網路上各個優質網站，其涵蓋的知識非常豐富繁多，並且給予你展示專案的機會，你可以詳細解釋專案的建構步驟，讓其他人也可以學習你的作法。下面列出部分非常熱門和值得關注的網站：

- Raspberry Pi 基金會官方網站（www.raspberrypi.org）

這是 Raspberry Pi 基金會的官方網站，不僅提供最新版本的軟體，其部落格每日都會更新，顯示 Raspberry Pi 最新的進展，以及各種運用 Pi 所製作的專案、點子。網站裡有社群論壇，進入論壇後就可以發文討論點子創意和專案想法。這個網站主要是為成年人所設計的，意味著若是初次接觸，瀏覽時可能會覺得有些不知所措，但是如果你對於專案有困惑或疑問，只要發文詢問，就會有熱心人士回覆答案。

官方網站也包含了一個 Resources 頁面，內有多項教學專案，可啟發你對於 Raspberry Pi 的各種創造性思維。

- Rastrack（www.rastrack.co.uk）

當你剛開始學習 Raspberry Pi 的時候，或許就已經到這個網站註冊。Raspberry Pi 第一次開機設定的 raspi-config 介面，有個選項是把你的 Pi 加入到 Rastrack。這個網站會記錄 Raspberry Pi 位置資訊，任何人都可以透過它的互動式地圖，查看其他 Raspberry Pi 使用者身處何處。這個網站的創辦人是 Ryan Walmsley，建立 Rastrack 時年僅 16 歲，獲得熱烈好評。

- Adafruit Learning System（learn.adafruit.com/category/learn-raspberry-pi）

Adafruit Learning System 網站提供關於電子方面的詳細知識，請回想最後的冒險旅程中，所使用的 LCD 驅動程式，正是來自於該網站。這個網站不僅釋出程式的原始程式碼，還提供 Raspberry Pi GPIO 的教學課程，讓你可以跟著學習。另外，還有一些關於專案的創意發想和教材，使用 Pi 或其他電子裝置。

- <Stuff about="code"/>（www.stuffaboutcode.com）

在冒險 6 中，曾嘗試扮演遊戲開發人員，藉由 Python 程式來控制 Minecraft。如果你很喜歡這段冒險旅程，並希望獲得進一步詳情，請瀏覽 O'Hanlon 的 Stuff about="code"，在這裡，你可找到網路上最豐富、最詳細的 Minecraft Pi 教材。專案內容涵蓋在遊戲中顯示 Twitter 訂閱資訊，也有「加農炮」的用法，另有其他許許多多的新功能，等著你來探索。

- Python 官方網站（www.python.org/doc）

Python 軟體基金把所有關於 Python 的檔案與文件，都放在官方網站上。該網站涵蓋教學課程和 Python 語言程式述句的說明文件。如果你在撰寫程式時有所疑問，尤其是出現語法錯誤，那麼最好能到該網站查詢，可幫助你解決困惑。初次瀏覽這個網站的時候，其豐富內容可能會讓你感到龐大、不知如何是好，但是當你需要撰寫程式時，就會發現它是個極具參考價值的地方。

A.2 社團

與別人分享你的程式，也是一件非常有趣的事情。有許多社團，專門為年輕人和 Raspberry Pi 所設置，其中有些成員平時是專業軟體工程師。如果你有疑問，他們能夠給出非常專業的建議，傳授新的技巧。下面列出一些非常流行的社團網站：

- Code Club（www.codeclub.org.uk）

  Code Club 是專門為 9 至 11 歲兒童、提供免費學齡後程式設計教育的全球化社團，你可以在他們的網站上找到距離你最近的社團處所。

- Coder Dojo（www.coderdojo.com）

  Coder Dojo 網站提供教學資料，讓你能夠學會如何撰寫各種程式，包括開發網站、App、遊戲和其他種類的軟體。Dojos 的全部事務都是由志願者自發經營，其成員當中，很多人都是專業的程式設計師。某些 Dojos 會組織參訪團，參觀各大科技公司，瞭解他們的工作內容。除了學習程式，你還能夠認識想法相近的同好，告訴他們你所做過的事情。可到該網站上搜索，找到距離你最近的 Coder Dojo。

- Raspberry Jam（www.raspberryjam.org.uk）

  Raspberry Jam 社團，愛好者快速增長，定期舉辦聚會，幫助其他愛好者、開發人員、老師、學生、兒童和家庭。實際上，其成員都是想要讓 Raspberry Pi 發揮更大作用的熱心人士。在這個網站上，你可以找到由 Raspberry Jam 組織規劃、在你住家鄰近場所舉辦的活動；其中某些活動特別針對青少年設計，並在電腦教室中舉行。

- Young Rewired State（https://youngrewiredstate.org）

  Young Rewired State，縮寫為 YRS。這個網站，專門為 18 歲（含）以下的程式員和設計師所開設。YRS 在全英國境內，已舉辦過多次大型的軟體開發活動，同樣也在紐約、舊金山、柏林和約翰尼斯堡（南非）舉辦過活動；通常會持續一週的時間，在活動中，年輕的小程式設計師組成隊伍，一起使用公共資料開發新的網站或是 App，在業餘時間擔任義工的職業程式設計師，會在一旁給予建議、提供幫助。最後一天，所有隊伍都拿出他們開發的程式進行競賽，爭奪冠軍。這不僅是個學習撰寫程式的好機會，更是認識世界各地其他年輕人的好去處。

- School Clubs

  某些學校裡也設有 Raspberry Pi 社團，請查詢你周圍的學校。如果沒有，為什麼不和你的電腦老師商量一下、自行開設呢？若想在學校裡自行創辦 Raspberry Pi 社團，所需具備條件如下：

- 願意幫助和指導你們的老師或者成年人，可以是助教、技術人員或家長。

- 固定的場地，例如：教室，有桌子和椅子可以使用，還有電源插頭，最好還能上網。

- 合適的聚會時間，可能訂在每週某一天放學後的晚上；對此，你們的老師應能提供協助。

- 宣傳社團的海報。

- 熱心的社團成員，願意帶來他們自己的 Raspberry Pi 板子。

A.3　專案和教學課程

一旦你擁有關於 Raspberry Pi 的好創意，付出時間加以實現，之後一定也會希望能與他人分享你的作品。許多人會到 Raspberry Jam 發表成果，其他人則喜歡寫進自己的部落格，還有一些人會選擇透過下列方式進行分享：

- MAKE（http://makezine.com/category/electronics/raspberry-pi）

流行雜誌 MAKE，其官方網站專門為 Raspberry Pi 開設專欄，其中專案包括一步步帶領你動手做的教材，也有精美的影片與圖片，供你閱讀學習。

- Raspberry IO（http://raspberry.io）

這個網站由 Python 軟體基金會所設立，上面含有許多使用 Python 程式語言打造的 Raspberry Pi 專案。如果你非常喜歡本書介紹 Python 的章節，尤其是冒險 4、冒險 5 和冒險 9 的內容，這個網站將會對你非常有幫助。

A.4　視訊

下面還有一些幫助你學習使用 Raspberry Pi 的教學影片，其中還包括建構 Raspberry Pi 專案的教材：

- Adventure In Raspberry Pi 資源網站（www.wiley.com/go/adventuresinrp2E）
  這個網站上，含有關於本書的全部影片內容。

- Raspberry Pi 4 Beginners（www.pibeginners.com）
  在這個網站上，你將會發現很多影片，內容為說明、教材和專案指引。例如：如果你想要學習如何讓 Raspberry Pi 連接到網路，或想要瞭解 Raspberry Pi 的檔案系統，那麼這個網站非常適合你。這些影片都是由 Matthew Manning 製作；由熱衷推廣 Pi 的人士所組成，他們願意幫助其他人學習 Pi 和 Linux。

- RasPi.TV（http://raspi.tv）

關於 Raspberry Pi 的 GPIO 腳位，如果你想要深入學習以及學會如何控制真實世界中的東西（如電燈），那麼由 Alex Eames 製作的影片，將會非常有幫助！撰寫程式控制電子零件，並增加額外的零件，讓專案變得更加有趣；然而在理解電路的功能作用這一方面，可能會碰到困難。Alex 的影片中，包含了簡單的描述說明，幫助你學習理解。RasPi.TV 有很多專案，特別為熱心學習者所準備，其說明甚為詳細。

- Geek GurlDiaries（www.geekgurldiaries.co.uk）

Geek GurlDiaries 部落格，收集了很多影片日誌、採訪紀錄、和專門為女孩準備的教材，包含很多基於 Raspberry Pi 的教材，例如：著名的 Little Box of Geek 專案，示範如何讓你的 Raspberry Pi 搖身一變、變成便條紙印表機。

A.5　書籍和雜誌

閱讀本書時，如果你很享受其中的學習過程，或許也會想要繼續閱讀其他的書本。下面推薦一系列的著作，能帶你走得更遠：

- 《Raspberry Pi User Guide》，作者 Eben Upton 與 Gareth Hardacree（Wiley，2012）。
- 《Raspberry Pi For Dummies》，作者 Sean McManus 與 Mike Cook（Wiley，2013）。
- 《Raspberry Pi Projects》，作者 Dr Andrew Robinson 與 Mike Cook（Wiley，2014）。
- 《Learning Python with Raspberry Pi》，作者 Alex Bradbury 與 Ben Everard（Wiley，2014）。
- 《Adventures in Minecraft》，作者 David Whale 與 Martin O'Hanlon（Wiley，2014）。
- 《Adventures in Python》，作者 Craig Richardson（Wiley，2015）。
- 《The MagPi 雜誌》（www.themagpi.com）：這是一份針對 Raspberry Pi 使用者的月刊，內容匯集了有關程式設計、機器人以及電子學等方面的文章。而且都是免費於線上提供的，你只需要前往該網站，點選任一期刊，接著再點選下載連結即可。此外，除了電子版之外，你也可以從 Pi Supply 網站購買紙本版（www.pi-supply.com/product-category/books-and-magazines/the-magpi-magazine）。

Appendix B

辭彙表

辭彙	說明
演算法（algorithm）	用於計算或解決問題的一組規則，例如：對資料或資訊進行快速排序的方法。
參數（argument）	傳送給函式的資訊，讓函式可以藉此執行相關工作。參數須填入至函式名稱之後的括號內，例如在 time.sleep(2) 函式裡，數值 2 就是傳遞給函式的參數，其作用是讓程式先等候 2 秒，然後再執行下一行。
啟動（boot）	讓電腦開機或起始作業系統的第一道步驟。
麵包板（breadboard）	一種設置電路的裝置，由於不需要透過焊接來安裝元件，因此可重複利用。麵包板擁有許多孔洞，可用來插入導線、跳線及各式元件，以建立電路。各有兩列孔洞位於麵包板的兩側，是用於連接電源，紅色列是連接正極；藍色列則是連接負極。
廣播（broadcast）	在 Scratch 中，協調舞台及不同角色之動作的訊息。廣播訊息會使各個角色的腳本持續運作，也讓舞台保持同步。
電容器（capacitor）	用於儲存電荷的電子元件，其容量單位為法拉（F），不過這是很大的單位，因此多數的電容器會以微法（μF）作為容量標示。
電路圖（circuit diagram）	以圖示及線條來表示電子元件組成電路的方式。
CLI（command-line interface；命令列介面）	輸入文字指令與電腦互動的一種操作介面。
comments（注釋）	程式碼中的筆記，用於說明某段程式的作用。註釋的開頭為井字符號（#），用來指示電腦在執行程式時忽略該行。
條件述句（conditional）	條件述句是一段程式碼，用於指示只有當特定條件為真時才執行某動作。最常見的條件述句是 if 及 if...else 述句。
電流（current）	電路中的電荷流動量，就像水流一般。電流的測量單位是安培（A），或是以毫安培（mA）來測量較小量的電流。
資料結構（data structure）	存放及組織資料的特定方式，例如：串列及陣列都是所謂的資料結構。
除錯（debugging）	找出程式錯誤並加以修正的行為。
二極體（diode）	只容許單向電流的一種裝置。二極體具有兩個端點，分別為正極與負極，而電流只會在正極施加正電壓以及負極施加負電壓時流動。
快閃記憶體（flash memory）	一種儲存裝置，例如：數位相機就包含了快閃記憶體，用於儲存照片。
函式（function）	執行特定工作的一段程式碼，而且可以重複利用。Python 以及大多數的程式語言，皆包含了一些標準函式，可以直接利用。例如：print() 函式可將文字顯示於畫面上，而你也可以自行撰寫出其他的函式。
GUI（Graphical User Interface；圖形使用者介面）	藉由視窗、圖示及滑鼠游標等視覺化元件與電腦互動的操作介面。
硬體（hardware）	電腦可見、可觸摸的實體組成物，例如：電腦主機內的各式元件。

辭彙	說明
HDMI（High-Definition Multimedia Interface；高畫質多媒體介面）	HDMI 是一種將裝置（例如：Raspberry Pi）的影像及聲音資料輸送到另一裝置的傳輸介面，兩端都必須具備 HDMI 介面才能進行傳送。
hostname（主機名稱）	於網路環境中識別電子裝置之身分的文字，例如：Raspberry Pi 的預設主機名稱為 raspberrypi。
IDE（integrated development environment；整合開發環境）	一種用於撰寫電腦程式（如 Python）的應用軟體，也可以稱為程式開發環境。IDE 可用來建立、編輯及執行程式，除此之外，許多 IDE 也提供了協助程式設計師找出並修正程式錯誤的功能。
if/if…else 述句（if/if…else statements）	這是最為常見的條件述句，if 述句是問句型態，當問句的結果為真時便會執行指定的動作。舉例來說，if（如果）正在下雨，就撐起雨傘。你也可以再加上 else 指令，在結果為假時做出其他的動作。例如，if（如果）正在下雨，就撐起雨傘；else（反之）則戴上太陽眼鏡。
輸入（input）	傳送進入電腦系統（如 Raspberry Pi）的原始資料或資訊，以待後續處理。常見的輸入裝置包含了鍵盤、個別按鍵以及耳機等。Raspberry Pi 擁有多組插槽，可用來連接各式輸入裝置。
直譯器（interpreter）	一行一行地檢查並依次執行程式碼的應用軟體。
迭代（iteration）	重複執行一道程序。
跳線（jumper cables）	用於連接 Raspberry Pi GPIO 腳位至麵包板或其他元件的纜線。由於跳線無須焊接，因此可以輕易地重複利用。跳線有幾種不同的格式：公對母、母對母及公對公。
LCD（liquid crystal display；液晶顯示器）	一種輕薄的電子顯示器，可見於電子計算器及電子錶上，提供數字或時間的顯示功能。
程式庫（library）	可重複利用的電腦函式之集合，讓你事半功倍。
LED（Light Emitting Diode；發光二極體）	於通電時會產生光線的二極體，LED 只容許單向導電。它們有許多種顏色可供選擇，而每個 LED 都有一個長腳及一個短腳，用於提示正確的安裝方式，讓電流可以順利通過。
迴圈（loop）	重複執行的程式碼區段。
MIDI 鍵盤（MIDI keyboard）	一種能夠與電腦連接的樂器。MIDI 鍵盤音符與鋼琴鍵盤音符是相同的，只不過鋼琴音符是用 G、C、A 等英文字母來表示，而 MIDI 鍵盤則是用數字來表示。MIDI 的全稱為 Musical Instrument Digital Interface（數位樂器介面）。
module（模組）	針對特定用途、可重複利用的 Python 程式之集合，可以單獨運用或是與其他模組合併使用。舉例來說，你可以借助 Python 的 time 模組，為你的程式增加停頓機制。
nano	一款文字編輯器，讓你可以在命令列介面下撰寫程式碼。
NOOBS（New Out Of Box Software；全新即用軟體套件）	由 Raspberry Pi 基金會所製作的軟體套件，下載至電腦再複製到 SD 卡後，就能在 Raspberry Pi 上使用。
作業系統（Operating System，簡稱 OS）	一種負責統管多項功能、包含檔案及應用程式管理的軟體。廣為人知的作業系統包含 Microsoft Windows、Mac OS X 及 Linux 等，至於 Raspberry Pi 上常見的作業系統則是 Raspbian。
輸出（output）	在接收到輸入後，電腦所回應的資料。常見的輸出裝置包含了揚聲器及顯示器等等。

辭彙	說明
參數（parameters）	能夠調整指令作用的選項，就如同在 GUI 程式裡勾選某個項目。大多數的 Linux 指令都擁有許多參數來調整它們的作用。
電位計（potentiometer）	一種包含旋轉鈕的電阻器，可用來調整電阻大小。
重構（refactoring）	重新調整程式碼，使其更有效、更容易閱讀、消除毛病的行為。如果你發現自己正在撰寫許多重複的程式碼，就表示該開始重構程式碼了！
電阻器（resistors）	在電路中限制電流的電子元件。舉例來說，LED 可能會因為電流過強而損壞，因此只要在電路中搭配一或多個具適當阻值的電阻器，就能夠限制電流，避免 LED 損壞。電阻的測量單位為歐姆，你必須選擇合適的阻值，才能適當的限制電流。電阻器之阻值可從其上的色環判斷。
SD card （Secure Digital memory card； 安全數位記憶卡，簡稱 SD 卡）	一種小型的記憶卡，用於儲存資料。SD 卡經常是安裝於數位相機內，用於儲存圖片，並且可透過 SD 讀卡機傳送至電腦裡。
SD 讀卡機 / 寫入機 （SD card reader/writer）	可對 SD 卡進行資料讀取或寫入的裝置。
軟體（software）	執行在電腦系統上的程式，使硬體能夠發揮作用，並且能做出諸如數值計算及檔案管理等操作。軟體主要可以分為兩個類別：作為電腦管理用途的系統軟體；以及用於執行特定工作的應用軟體。
角色（sprites）	在 Scratch 中，能夠加以控制或自訂外觀的對象。
舞台（stage）	在 Scratch 中，位於角色後方的背景。你可以為舞台增加腳本，讓角色與之互動。例如：畫出一堵牆，讓角色在特定位置前停下來。
字串（string）	以一組字元呈現的資料或資訊。
sudo	sudo 指令讓你可以暫時取得超級使用者（也就是 root 使用者）的身分，使你擁有充分的權限在電腦上做任何事。
語法（syntax）	辨別程式碼是否有效的一系列規則。如同英文對於如何適當組合主詞、動詞及受詞，有一套規則需要依循，而每一種程式語言也都有自己的規則。
語法錯誤（syntax error）	當電腦無法理解程式碼而導致程式停止運作的錯誤。
終端機（terminal）	使你能夠存取命令列介面的視窗，例如：LXTerminal 便是一種圖形終端機。
執行緒（threads）	同步執行多個腳本的方法。
烏龜（turtle）	在 Turtle Graphics 程式中，用於表示一支虛擬畫筆，並運用一系列的指令來創造出圖像。
uinput	一種特殊的硬體驅動程式，讓其他程式可以插入按鍵事件至系統中，就好像是真的在鍵盤上按下按鍵一般。這個特殊的核心驅動程式需要安裝於 Linux 核心中才能生效。
USB 埠（USB port）	一種電腦上的插口，可用於連接網路攝影機或隨身碟等裝置。USB 全稱為 Universal Serial Bus（通用序列匯流排）。
變數（variable）	程式的構成物之一，用於存放可變化的數值。舉例來說，在冒險 3 的角色扮演型冒險遊戲裡，就有個 health 變數，可以更改其數值，並使用在不同的腳本裡。
電壓（voltage）	電路中兩端點的電能差異。就像水流中的水壓一樣，電壓促使電路中的電荷流動。電壓的測量單位為伏特（V）。

MEMO

MEMO

MEMO

MEMO

MEMO

MEMO

MEMO

MEMO

讀者回函

GIVE US A PIECE OF YOUR MIND

感謝您購買本公司出版的書，您的意見對我們非常重要！由於您寶貴的建議，我們才得以不斷地推陳出新，繼續出版更實用、精緻的圖書。因此，請填妥下列資料(也可直接貼上名片)，寄回本公司(免貼郵票)，您將不定期收到最新的圖書資料！

購買書號：＿＿＿＿＿＿　　書名：＿＿＿＿＿＿

姓　　名：＿＿＿＿＿＿＿＿＿＿＿＿＿＿＿＿＿＿＿＿＿

職　　業：□上班族　　□教師　　□學生　　□工程師　　□其它

學　　歷：□研究所　　□大學　　□專科　　□高中職　　□其它

年　　齡：□10~20　　□20~30　　□30~40　　□40~50　　□50~

單　　位：＿＿＿＿＿＿＿＿＿＿＿　部門科系：＿＿＿＿＿＿＿＿＿

職　　稱：＿＿＿＿＿＿＿＿＿＿＿　聯絡電話：＿＿＿＿＿＿＿＿＿

電子郵件：＿＿＿＿＿＿＿＿＿＿＿＿＿＿＿＿＿＿＿＿＿＿＿＿＿

通訊住址：□□□＿＿＿＿＿＿＿＿＿＿＿＿＿＿＿＿＿＿＿＿＿＿

＿＿＿＿＿＿＿＿＿＿＿＿＿＿＿＿＿＿＿＿＿＿＿＿＿＿＿＿＿＿＿

您從何處購買此書：

□書局＿＿＿＿　　□電腦店＿＿＿＿＿　　□展覽＿＿＿＿　　□其他＿＿＿＿＿

您覺得本書的品質：

內容方面：　□很好　　　□好　　　□尚可　　　□差

排版方面：　□很好　　　□好　　　□尚可　　　□差

印刷方面：　□很好　　　□好　　　□尚可　　　□差

紙張方面：　□很好　　　□好　　　□尚可　　　□差

您最喜歡本書的地方：＿＿＿＿＿＿＿＿＿＿＿＿＿＿＿＿＿＿＿

您最不喜歡本書的地方：＿＿＿＿＿＿＿＿＿＿＿＿＿＿＿＿＿＿

假如請您對本書評分，您會給(0~100分)：＿＿＿＿＿　分

您最希望我們出版那些電腦書籍：

請將您對本書的意見告訴我們：

您有寫作的點子嗎？□無　　□有　專長領域：＿＿＿＿＿＿

Give Us a Piece Of Your Mind

歡迎您加入博碩文化的行列哦！

✂請沿虛線剪下寄回本公司

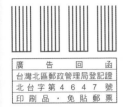

廣　告　回　函
台灣北區郵政管理局登記證
北 台 字 第 4 6 4 7 號
印 刷 品 ‧ 免 貼 郵 票

221

博碩文化股份有限公司　　產品部

台灣新北市汐止區新台五路一段112號10樓Ａ棟